JN043733

ゲームデザイン プロフェッショナル

GAME DESIGN PROFESSIONAL

誰もが成果を生み出せる、

『FGO』クリエイターの仕事術

Fate/Grand Order

塩川洋介

YOSUKE SHIOKAWA

技術評論社

はじめに

20年分のノウハウを、この1冊に

本書は、おもしろいゲームをつくれるようになりたい、すべての人に向けた書籍です。

ゲームをおもしろくするのは、「**ゲームデザイン**」です。

本書は、20年以上にわたってゲーム業界の最前線に立ち続ける現役のゲームクリエイターが、日々現場で実際に役立てている**ゲームデザインのノウハウを、誰にでも再現可能なやり方で紹介していく「ゲームデザインのマニュアル」**ともいえる内容で構成しています。

どんなゲームにおいても実践でき、確実に成果へとつなげることのできるやり方です。

「そんな嘘みたいな話、本当にあるのか？」

もしかしたら、そう思われるかもしれません。

ですが、本当に存在します。

ゲームデザインのノウハウを、筆者が実際にどのように活かし、成果へつなげてきたか簡単に紹介します。

『Fate/Grand Order』、全世界1位を獲得する

２０１５年7月30日に配信開始されたスマートフォン向けＲＰＧ『Fate/Grand Order』は、リリース当初、連日のように非常に大きなトラブルに見舞われ、危機的な状況にありました。

そんな状況の中、筆者はプロジェクトに参画することになりました。

ゲーム業界に入って以来、『KINGDOM HEARTS』シリーズや『DISSIDIA FINAL FANTASY』など家庭用ゲーム機でのゲーム開発畑をずっと歩んできた筆者にとって、当時スマートフォンのゲーム開発はおろか、運営型のタイトルにすら携わった経験がありませんでした。

それどころか、スマートフォン向けゲームを遊んだ経験もほとんどなく、開発者とし

ても、ユーザーとしても、スマートフォンに関する知識が皆無の状態でプロジェクトに参画しました。

連日連夜トラブルが発生し、一刻を争うような危機的状況の中、開発の総責任者として事態の収拾にあたることを託されました。

しばらくして、リリース直後から続く困難の時期を乗り越えた『Fate/Grand Order』は、その後、日本のみならず世界各国でも多くのプレイヤーに遊ばれ、**年間売上ランキングで全世界一位を獲得**するほどの巨大なタイトルへと成長を遂げました。

その間、特にリリース直後の困難な状況を乗り越えるにあたって筆者が注力していたのは、「本来ゲームデザインとしてこうあるべきこと」がそうなっていない箇所をひとつずつ洗い出し、優先順位を決め、ひとつずつ解消していくことです。

筆者が家庭用ゲームの開発で培ってきたノウハウを、それまでとはまったく異なるスマートフォンの運営型タイトルの環境で、再現し、実行していったのです。

自分のなかでマニュアル化されていたゲームデザインのやり方にのっとって、ゲームをおもしろくすること、そして、ゲームデザインを収益に結びつけることの両軸を実践していきました。

当時もしそのノウハウを持っていなかったら、知識と経験の不足から、なにもできずに終わっていたかもしれません。それくらい、本書のノウハウが果たした役割は大きいものでした。

あらゆるジャンルで、必ず役に立つ

ノウハウの再現性という観点では、本書で掲げるゲームデザインのやり方は『Fate/Grand Order』だけにとどまらず、多種多様なゲームジャンルでも成果を生み出してきました。

筆者は近年、「AR」「VR」「アーケードゲーム」「ボードゲーム」「リアル脱出ゲーム」など、さまざまなゲームジャンルに携わってきました。

そのどれもが筆者にとってははじめて携わるジャンルばかりでしたが、それぞれにおいて大きな成果と反響を得ることができました。

まったくやったことのないものに立て続けに挑戦し、結果につなげていくうえで、自分の中でマニュアル化されていたノウハウが果たした役割は非常に大きいものでした。

20年以上かけて徐々にノウハウを積み上げ、さまざまなゲームジャンルで実際に成果につながる実績を持ち、今なお最前線で日々役立ち続けているのが、本書で紹介するゲームデザインのやり方です。

第1章『ゲームデザインに才能はいらない』では、ゲームデザインとはセンスや才能といったものに頼ることなく実践していくものであることを紹介します。

第2章『ゲームデザイナーの「本当の仕事」』では、ゲームデザインのやり方を正しく知るために、それを担う「ゲームデザイナー」について理解していきます。

第3章『ゲームにおもしろさをもたらす、ゲームデザイン術』では、誰にでも実践できるゲームデザインのやり方を学びます。

第4章『ゲーム開発を成功に導く、リーダーシップ術』では、ゲームをおもしろくするために活かせるさまざまなツールを、必要となる状況別に紹介します。

第5章『ゲームデザイン力を高める、レベルアップ術』では、ゲームデザインを行う自分自身の育て方を、具体的な勉強法とともに紹介します。

第6章『ゲームデザイナーとしての戦いに挑むに』では、手に入れたノウハウをどうやって活かし、身につけていくかを紹介します。

第1章と第2章は、ゲームデザインの知識や経験がない方でも、ゲームデザインとは何かやゲームデザインを行う際の心構えといったことがわかるよう、基礎的な内容で構成しています。

第3章からは、実際のゲームデザインの現場ですぐ役に立つ、具体的なテクニックを紹介しています。

本書の内容で中心となるのはあくまで、実戦で実際に使える、ゲームをおもしろくしてするためのやり方です。基礎知識の説明については最低限の内容にとどめています。

ですので、ゲームデザイン未経験の方は第1章から読み始めることをおすすめしますが、ゲーム開発やゲームデザインの基礎的な知識をすでに持っている方であれば、ぜひ

第3章から読み進めてみてください。

ゲームデザインのプロフェッショナルを目指す

本書の内容はすべて、ゲームデザインに携わる**現役のクリエイターが現場で実践する活きた内容のみによって構成**されています。そしてそれを、誰にでも実践可能にするやり方として紹介しています。

誰もが「ゲームデザインのプロ」になれる本、それが本書『ゲームデザインプロフェッショナル』です。

目次　CONTENTS

CHAPTER 3

ゲームにおもしろさをもたらす、ゲームデザイン術

CHAPTER 4

CHAPTER 5

ゲームデザイン力を高める、レベルアップ術

CHAPTER 6

ゲームデザイナーとしての戦いに挑む

CHAPTER 1

ゲームデザインに才能はいらない

ゲームデザインは「マニュアル」が8割

”センスに頼ったゲームデザインは、ギャンブル以外の何物でもない“

ゲームデザインがゲームにおもしろさをもたらす

ゲームデザインは、ゲーム作りにおける生命線です。

ゲーム開発には、ゲームデザインという仕事が存在します。デザインという単語からは、イラストやCGといった絵に関する仕事を想像されるかもしれません。

しかし、ゲームデザインはそうした仕事ではありません。

ゲームデザインとは、ゲームをおもしろいものへと作り上げていく仕事です。ゲームをおもしろいものにするために、遊びとしてのルールを決めたり、実際に形にしていく開発工程を導いていったりします。

ゲームには、おもしろさが必要です。なぜならそれが、ゲームを遊ぶプレイヤーがゲームに一番求めていることだからです。

おもしろさとは、感情の変化によって生じるものです。「楽しい」「気持ちいい」「怖い」「泣ける」など、プレイヤーはゲームを遊ぶことで得られる感情こそをおもしろさと感じます。

ゲームのおもしろさは、ゲームを作りさえすれば勝手に出来上がるものではありません。**誰かが**

意思を持っておもしろくしていくことによって、はじめて生まれるものです。ゲーム開発において、おもしろさをもたらしていく役割を担うのがゲームデザインという仕事です。

どんなゲームでも、ゲームデザインは必要不可欠

ゲームデザインは、どんなゲームでも必要です。

現在、ゲームには多様な形態が存在します。家庭用ゲーム機やスマートフォンに向けたデジタルゲーム、ボードゲームやトレーディングカードゲームのようなアナログゲーム、現実世界を舞台にした脱出ゲームやテーブルトークRPGなど、さまざまです。

形態は違えどもそれぞれがゲームである以上、そのどれにおいても、作る過程で**おもしろさをもたらすための工程**が必要となります。

ゲームを作ろうとしたとき、それがどんな形態であれ、ゲームデザインとは無縁ではいられません。

誰かしらが、ゲームデザインを担っている

ゲームデザインという仕事に携わる人の、職種はさまざまです。

ゲームデザインを行う役割を誰が担うのか、そうした役割を担う人をどんな職種として呼ぶかは、

会社やプロジェクトごとに異なります。

代表的な例としては、「ゲームデザイナー」「企画」「プランナー」「ゲームプランナー」などと呼ばれる職種です。ほかにも、ディレクターやプログラマーがゲームデザインを担う場合もあります。

それがどのような呼び名や職種であったとしても、**ゲーム開発にはゲームデザインに携わる人が必ず存在しています。**

ビジネス面でも、ゲームデザインは必要不可欠

ゲームデザインの重要度は、年を追うごとに増してきています。

ゲームの形態の多様化とあわせ、スマートフォンを中心に、発売しただけでは終わらない、リリース後の運営を前提としたゲームが主流になってきました。

そうしたゲームの多くが、ダウンロードして遊ぶこと自体は「基本無料」としながら、遊んでいるプレイヤーが任意のタイミングで任意の金額を課金していく、「従量課金制」のビジネスモデルを採用しています。

運営期間においては、おもしろさを継続的にプレイヤーへ提供し、長期にわたって楽しませ続ける必要があります。

ただし、どれだけおもしろかったとしても、それだけではお金を払ってもらえません。基本無料のゲームにおいては、**おもしろさをどのように収益へとつなげていくかまで含めて、ゲームデザイ**

ンの一部として考える必要があるのです。

現在主流となっている「基本無料＋従量課金制」の運営型タイトルでは、おもしろさといった内容面での評価と、収益をあげる商業面での成果の両方において、ゲームデザインが重要な役割を担うようになってきました。

ゲーム業界を取り巻く環境の変化と多様化にあわせ、ゲームデザインに求められる複雑性は、日々高まり続けています。同じ運営型ゲームでも、毎月決められた金額を継続して支払う「定額課金制」といったタイトルもあれば、運営型以外のゲームも存在します。そしてどの場合でも、従量課金制のタイトルとはまた違ったゲームデザインが求められます。

どんなゲームでも、そのゲームをおもしろくするためにはゲームデザインが必要です。それだけでなく、ゲームをコンテンツビジネスとして成立させるためにも、ゲームデザインが必要となります。

ゲームに必要とされるゲームデザインの性質は、ゲームの進化とともに変わり続けてきました。そして、これからも変わり続けていくことでしょう。

ゲーム業界が変化していくなかで、技術やグラフィックの進化と同じように、**ゲームデザインにも変化への対応が求められるようになってきています。**

ゲームデザインは「マニュアル化」できる

ゲームデザインの難易度は、高まり続けている

ゲーム業界の変化とともに、ゲームデザインに求められる難易度は上昇し続けています。変化により、昨日まで考えもしなかったことが、ある日ゲームデザインの一部となるようなことも起こります。基本無料タイトルにおけるビジネスモデルなどがまさにそれです。

ゲームデザインを取り巻く環境がどんなに難しくなっていこうとも、ゲームにゲームデザインは必要です。

そうしたなかで求められるのが、どんな状況変化においても確実に成果が出せる、ゲームデザインのノウハウです。というのも、現在のゲームデザイン分野において、まだ見ぬ変化にも対応していけるような、**普遍的で応用の利く、実践的なゲームデザインの技法が確立していない**からです。

現在のゲーム業界において、ゲームデザインという仕事は非常に危うい状況にあります。

ゲームデザインは、センスや才能でやってはいけない

「ゲームデザイン＝ゲームをおもしろくする仕事」というと、センスや感性といった、なんとなく感覚的な仕事をイメージするかもしれません。

もちろん、個々人のセンスや感性がゲームデザインに反映される部分も当然あります。しかし、**個人の感性だけに頼ったゲームデザインは、ギャンブル以外のなにものでもありません。**

ゲームデザインを仕事にしようとした場合、求められるのはゲーム開発のあらゆる場面において、ゲームデザイン作業を通じた成果を毎日コンスタントに出し続けることです。

もちろん、感性を頼りに感覚で仕事をこなしてうまくいく場面もあるでしょう。

ですが、それを毎日毎日、何年にもわたって続けられるわけではありません。そのときどきの感覚だけに頼るやり方は、前回の成果を今回の成果へ、今回の成果を次回の成果へと、積み上げていくことが難しいからです。

また、ゲーム開発は多くの場合、企業が営利目的で行っています。そのなかで、ある人物の感性だけに依存したおもしろさの実現に賭け、数億から数十億円もの予算を投資するのは、企業の経済活動としてはたいへん勇気のいるやり方といえます。

そうした状況であるにもかかわらず、「ゲームデザイン＝センスや感性でやる仕事」といった認識でみなされている面があるのも事実です。

「過去」や「数字」などの実績は、ゲームデザインに役立たない

運営型タイトルが一般的になっていくなかで、「センスや感性」とはまた別のやり方が急速に普及してきました。

売上やユーザー動向などの数値データを分析し、その結果に基づいて、ゲームデザインの重要な一部となってきた収益の確保に対する施策を打っていくやり方です。

過去にうまくいったことだけでなく、ほかのタイトルでうまくいっていることを用いて再現を狙うような考え方も存在します。

しかし、**過去の実績値を追いかけるやり方は、基本的にさして通用しないもの**だと考えてください。

例えば、「今こういうのが流行っているから」「こういうゲームがこのくらい売れているから」といった、ほかのタイトルをベンチマークとしてゲームデザインを考えたとしましょう。競合を研究することは大事ですし、知識として情報を蓄えること自体には意味があります。

しかし、他所を基準にしたゲームデザインは、たまたまうまくいくこともあるものの、基本的にはたいへんリスクの高い行為です。

市場で今うまくいっているということは、今よりもはるかに前の時点で企画し開発されたということです。ヒットしたのを見てから行動を起こしたとしても、それが世に出る時点ですでに数年単位の周回遅れ状態となります。

つまり、**今の市場の状況を頼りに判断するやり方は、常に周回遅れで後追いしている状態**となってしまいます。

過酷な競争が常に繰り広げられているゲーム市場は、周回遅れで勝負できるほど甘くはありません。

過去のデータを参考にするのも同様で、たまたま以外では通用しません。過去の時点では正しく、結果が出せていたとしても、今はそのときとは異なる状況になっていますので、同じやり方でうまくいく保証もなければ、それが確率の高いやり方かどうかすら怪しいものです。

といった状況であるにもかかわらず、「過去」や「数字」といったわかりやすく目に見えるものがあることで、そうしたデータを拠り所にさえすればゲームデザインはできるものだ、といった認識が広がりつつあるのも事実です。

ゲームデザインのマニュアル化が、ゲームデザインに再現性をもたらす

感性も通用しなければ、データも通用しない。

そんななかで確実に成果が出せるやり方があります。

それが本書のテーマである、「ゲームデザインのマニュアル化」です。

ゲームデザインをマニュアル化し、マニュアルに沿ってゲームデザインをすることで誰にでも確実に成果が出せるようになります。

マニュアル化を言い換えると、「再現性を生み出す仕組み作り」です。過去や他所の再現を狙うのではなく、どんな状況でも自分自身の力によって成果を再現できるようになることが、本当の意味での再現性といえます。

本書ではマニュアル化したゲームデザインのノウハウを用いて、状況にかかわらずコンスタントに成果を生み出せる、再現性のあるゲームデザインのやり方を紹介していきます。

「マニュアル化したノウハウ」は誰でも身につけられる

ゲームデザインを誰でも確実にできるようにマニュアル化する

マニュアルとは、使う相手を選ばないものです。

知識やスキルをある程度のレベルまで、誰でも身につけられるようにするのがマニュアルの役割といえます。

それはゲームデザインの分野であっても同じです。ゲームデザインのノウハウをマニュアル化した本書が紹介していくやり方を習得するのに、特別な才能は必要ありません。

なにかを身につけるという観点では、家電の使い方を覚えたり、教習所に通って交通ルールから車の運転までを習得したりするのと同じことです。

まずやり方を知識として知り、それを試してみて、やがて体で覚え、実践を繰り返していくなかで徐々に使いこなせるようになり、最終的に自分のものにしていく、といった過程はゲームデザインにも必要となります。

それを、**マニュアル化したノウハウに沿って実践することで、いずれ誰にでも確実にできるようにする**のが、本書の役割です。

本書では、これからさまざまな「ゲームデザインのやり方」を紹介していきます。それは、ただ知識として知ってもらうだけではありません。実践できる具体的なノウハウを誰もが身につけられるよう、次の3つの特徴を持つよう構成しています。

- **実践するために、専門知識を必要としないこと**
- **環境を選ばず、実践できること**
- **身につけ方まで含め、ノウハウ化すること**

それぞれの特徴を説明します。

実践するのに、専門知識はいらない

本書で紹介するゲームデザインのやり方は、**ゲームデザインやゲーム開発の知識がなくとも身につけられます。**

ゲームデザインに携わった経験がない方やゲームの仕事に携わったことがない方はもちろんのこと、ゲーム開発とはどのようなものかという知識すらない方であっても、ゼロからゲームデザインの実践的ノウハウを理解していける内容で構成しています。

その中でも特に、実際のゲーム開発現場ですぐに具体的に活かせることを重視し、実践的な内容のみで構成しています。知識としてだけでなく実際に使えるノウハウを、専門知識なく身につけられるのが、本書の特徴です。

実践するのに、環境は選ばない

本書で紹介するゲームデザインのやり方は、**環境を問わず活かせる普遍的な内容で構成しています。**

今後のゲーム業界でどのような変化が起きるのか、予想しきることは難しいです。

本書は内容がずっと陳腐化せず、いかなる変化にも耐えられるよう、ゲームデザインの本質的な部分に特化したノウハウのみをまとめています。

ゲームジャンルやプラットフォームなど、特定の環境で必要とする知識というものは、実際にその環境に身をおいてさえしまえば、時間とともにある程度勝手に身についていくものです。

本書で紹介する、ゲームデザインの本質に特化したノウハウは、いわばさまざまな競技種目に活かせる基礎筋力のようなものです。ゲームジャンルやプラットフォーム、サービス形態がたとえどんなものであっても、確実に役立ちます。そして、今後まだ見ぬなにが訪れようとも、確実に通用することでしょう。

身につけ方まで含め、ノウハウ化されている

本書では、ゲームデザインのやり方だけでなく、**その身につけ方もノウハウ化しています。**ノウハウをただ読んだだけでは、知識が増えるだけで、できるようにはなりません。重要なのは、得た知識をもってなにをどのように実践するかです。

もちろん、知識として知っておくだけでも大丈夫ですが、もし得た知識を実際に使おうとした場合、そのやり方がわからないようではノウハウとして片手落ちの状態といえます。

本書では、紹介していくノウハウを実際に使う場面で役に立てられるよう、知識として得たやり方をどのように実践していけばよいかまで含め紹介していきます。

「マニュアル」で確実に80点までとれる

マニュアルは、マニュアルでしかない

ゲームデザインのマニュアル化という考え方について、もうひとつ理解しておいていただきたいことがあります。

それは、マニュアルはあくまでマニュアルでしかないということです。

教習所に通えば誰でも車の運転を習得することはできます。だからといって、誰しもがプロのレーサーになれるわけではありません。ゲームデザインでも同様で、決してすべてを可能とする魔法のような存在ではありません。

マニュアル化したノウハウによるゲームデザインで達成できるのは、100点満点中80点までです。

80点まで？

80点しか？

そんなふうに思われるかもしれませんが、この80点というのが重要な意味を持ちます。

本書で定義する**80点とは、そのゲームのターゲットが十分におもしろいと感じられるクオリティを実現した状態**を指します。その上、100点や120点といった状態にまで到達できればそれは、「最高におもしろいゲーム」や「人生のベストゲームと言える一本」といえるものになるでしょう。

もちろん、ゲームデザインに携わる以上、志としてはその域を目指すべきです。ただ一方で、そもそも80点に到達しなければ、商品として最低限満足してもらえる価値、つまり十分なおもしろさを提供するに至りません。

そういう意味で、「80点」は決して低い数字ではないのです。

マニュアルでまず80点をとり、その先を目指す

マニュアルによる80点の獲得

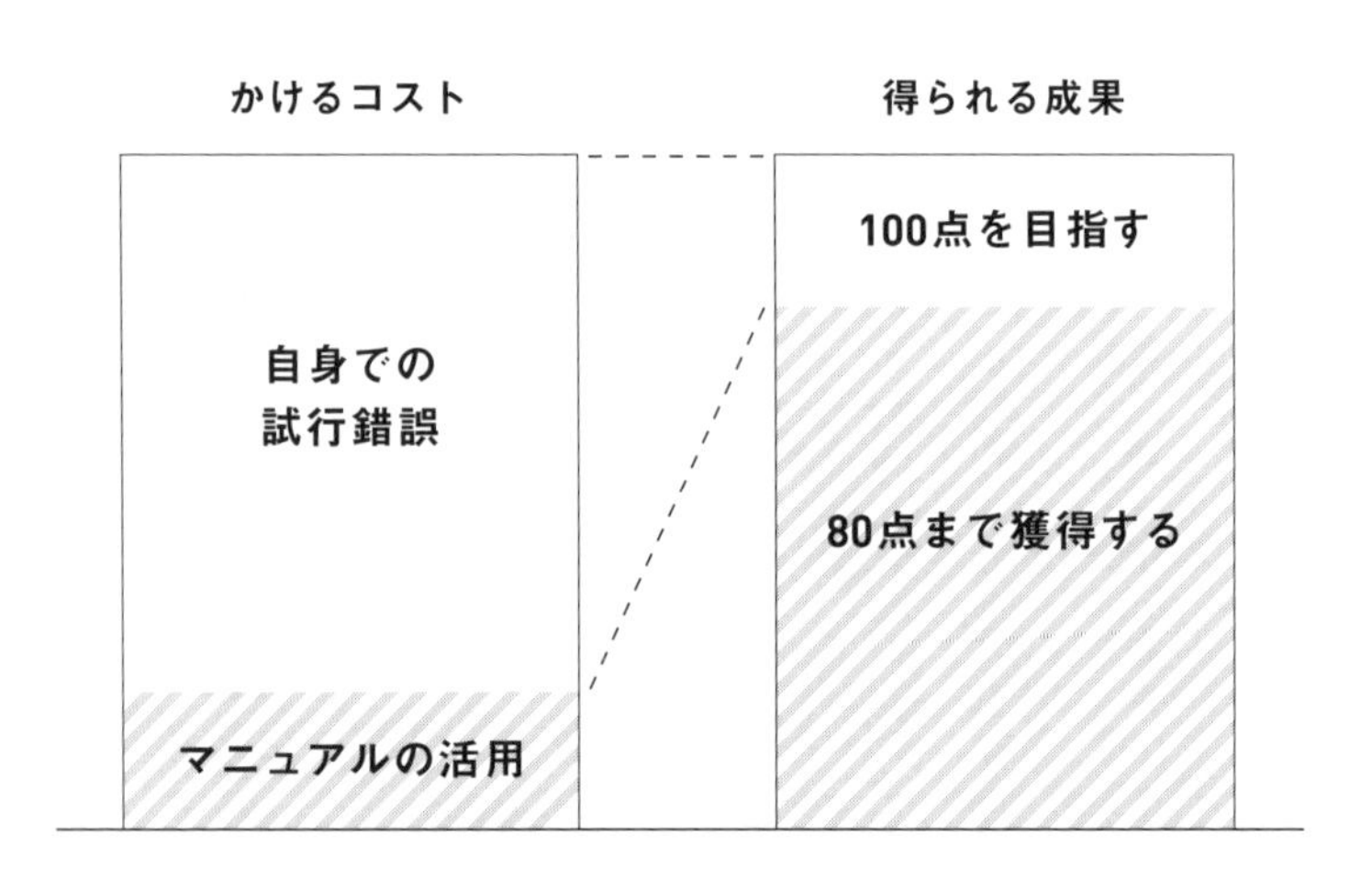

本書で実現を目指すのは、誰でもコンスタントに80点を獲り続けられる状況を作ることです。ゲームデザインの本質を理解し、再現性のあるやり方を身につけ、それを実践することで、どんな状況においても確実にゲームデザインで80点まで手に入れられるようになるでしょう。

その結果として、80点から先、**100点を目指すまでの残り20点の部分に、力を集中できるようになります。**100点以上を目指すためにも、まず確実に80点まで獲れる状況を作り出す。それが本書の意図するところです。

POINT

1 ゲームデザインが、ゲームのおもしろさを作る

2 運営型ゲームをビジネスとして成立させる役割も、ゲームデザインが担っている

3 ゲームデザインの仕事には、感性よりも再現性が求められる

4 再現性は、「マニュアル化したノウハウ」によって身につけられる

5 ノウハウは、誰にでも身につけられる

6 ノウハウを活かして、コンスタントに80点まで獲得する

7 確実に80点をとることで、100点を目指す部分に集中する

既存のゲームデザイン学習法は通用しない

"陳腐化した過去のノウハウは、最前線の現場では何の役にも立たない"

80点がとれずに力尽きる、ゲーム開発の実情

ユーザーはゲームがおもしろいことを当然のように期待する

ユーザー目線でいえば、ゲームはおもしろいものになっていることが当たり前です。「レストランで出される料理は美味しくあるべき」と考えることが当たり前のように、ゲームに対しても、お金や時間という対価を払う対象が、それに見合うものになっていることを期待して当然です。

しかし**実際には、世に生み出されるすべてのゲームがおもしろいわけではありません**。現実として、大多数のゲームがユーザーにほとんど受け入れられることなく、あるいは知られることすらなく、生まれては消えていっています。

当然ですがゲームを作る側は、おもしろくないものを世に出したいなどと思っているわけもなく、少しでもよいものに仕上げようという思いのもと、ゲームを世に出すために多くの人とお金と時間を費やしています。

にもかかわらず、なぜ多くのゲームがおもしろいものになっていないのかいうと、それにはゲームというメディアの特徴が大きく関係しています。

ゲームは、完成させること自体の難しいエンタテインメントである

ゲームとは、完成させること自体が非常に難しいものです。エンタテインメントのなかではほかのメディアの追随を許さないくらい、圧倒的に完成させることの難易度が高いです。

ゲームには、確実に完成させるための手法が存在しません。

その理由は、一作ごとになにを完成とするかの正解が、まったく異なるからです。

例えば、ゲームのジャンルが異なれば、プレイ人数、プレイ時間、遊び方などさまざまな部分が大きく変わってきます。繰り返し皆で遊ぶことを目的とした1プレイ3分のスポーツゲームと、30時間後のクリアを目指し一人で遊び続けることを目的としたRPGとでは、ゲームの完成像がなにからなにまでまったく別物になります。

これが小説やマンガなど紙媒体のメディアであれば、決められたページ数をどんなものでもいいので絵や文字で埋めさえすれば、質の良し悪しはともかくとして一応完成はするでしょう。アニメ、映画、ドラマなどの映像媒体でも同様で、尺のぶんだけなんらかの映像を作りさえすれば、出来はさておき、少なくとも完成はします。

しかし、ゲームの場合そうはいきません。キャラクターや背景などの絵素材をある一定量用意したからといって、完成することは決してないのです。

ゲームは数年おきにガラリと形を変えてしまう

ゲームを取り巻く環境の変化も、完成の難易度を引き上げる要因のひとつとなっています。アーケードゲームからはじまり、ＰＣゲーム、家庭用ゲーム、携帯用ゲーム、ガラケーでのブラウザゲーム、そして、スマートフォンゲームといったように、ゲームをプレイする環境がたった数年おきに目まぐるしく変わり続けており、そのたびに完成像の形も変化し続けています。

たとえ同じゲームであっても、家庭用ゲームとスマートフォンゲームとでは、コントローラーの有無による操作方法の違いや画面サイズの違いによる画面レイアウトの仕方など、完成像がまったく異なるものになります。

また、環境の変化によって、**前作までに出来上がった完成像を、次作に引き継いで参考にすることすら難しい**場合もあります。

このような状況に置かれているエンタテインメントは、ゲーム以外にはありません。

80点のおもしろさにたどり着くことですら、その壁は高い

こうした背景もあり、ゲーム開発ではおもしろくする以前に、ただ完成させるだけで手一杯になってしまうことが当たり前となっているのが実情です。

100点満点中80点にたどり着くことすら、相当に高い壁なのです。

だからこそ、「ゲームがおもしろいものになっている」という当たり前と思われることを当たり前のように実現するためにも、確実に80点までとれる再現性のある手法が必要です。

最新の現場とはかけ離れた、既存のゲームデザイン学習法

ゲームデザインの学習法は、いまだ確立されていない

ゲームデザインのノウハウ化が、これまでなにもなされてこなかったわけではありません。

しかしながら、実際のゲーム開発現場において、**再現性がある実践的なノウハウとして本当に役立つ方法が確立されているとは、言いがたい状況**です。

必要な状況であるにもかかわらず、確立されていないのには、それなりの理由があります。それを説明する前にまず、ノウハウ化された既存の手法のうち代表的な次の3つについて、実情を簡単に説明します。

- **書籍**
- **講義・講演**
- **社内教育**

既存の書籍で学べることは、知識まで

ゲームデザインに関する書籍は、数は少ないものの、年間数冊程度は刊行されています。そのなかで、特にゲーム業界未経験者にとってまず目に付きやすいのは、著名なクリエイターの書籍です。憧れの対象としてファンブック的には楽しめますが、一方でそこから得たノウハウがゲームデザインの実戦の場において具体的に活かせるかというとまた別問題です。

というのも、そうした書籍では、ある環境だからこそなしえた成功体験の話が中心となるからです。著者とは置かれている状況や環境や時代がまったく異なるなかで、**万人に対して再現性のある**

内容になっているかというと、そうではない場合がほとんどです。

ですので、真似をしようとして痛い目にあわないよう、あくまでゲーム業界の雰囲気を知るための読み物と割り切って楽しむべきでしょう。

また、ゲームデザイン未経験者向けには、入門書的な書籍もいくつか存在します。初級者を対象に、ゲーム業界の概要やゲーム開発全体の大まかな流れなども含めてカバーしているものが多いです。既存の入門書で主に学べるのはゲームデザインという職業がどのような仕事かという知識に留まる場合がほとんどです。

スポーツでいえば、その競技のルールを知ることはできます。しかし、ルールを知ることと、その競技を実践するのに必要な知識を身につけることは、まったくの別物です。

また、入門書で学べるレベルの知識や内容であれば、ゲームデザインに実際に携われば誰でもあっという間に勉強できてしまいます。

それ以外の書籍ですと、現役のゲームデザイナーを主な対象とした専門書も存在します。専門書は、玉石混交です。実践とは無縁のアカデミックに寄った内容のものも多く、どれだけ知識を詰め込んでも、現場のゲームデザインで実際に実践できることが増えるとは限りません。

もちろんその中でも、おすすめできるものもあります。筆者が監訳で携わった『「レベルアップ」のゲームデザイン ―― 実戦で使えるゲーム作りのテクニック』『ゲームデザインバイブル第２版 ―― おもしろさを飛躍的に向上させる１１３の「レンズ」』（ともにオライリー・ジャパン）はその一例です。

こうした既存のゲームデザインの良書では、例えるなら「魚の釣り方ではなく、魚自体を与えてくれる」効果が期待できます。ある特定のゲームジャンルや作業の場面で、そのまま使えるテクニックが充実しています。

一方で本書を通じて学べるのは、ゲームデザインのあらゆる状況に対応できる再現性を重視したノウハウ、つまり「魚の釣り方」です。**ゲームデザインの本質を理解することで、どんなゲームデザインでもできるようにするのが本書の特徴です。**

講義や講演からの学びは、再現性が低い

講義や講演に関しては、「あるタイトルでの成功体験をそのまま語る」場合が多くを占めています。

原因と結果の関係性が実際に目に見えるプログラムの技術やグラフィックツールの使い方などと違い、形のないゲームデザインというものを、汎用的な技法として抽象化するのは、難易度が高い作業です。そのため、どうしても「あるタイトル

既存のゲームデザイン学習法

書籍

×

講義・講演

×

社内教育

における、具体的な出来事」だけが語られることが多くなってきます。

もちろん、プロから直接そうした成功体験を聞くことで、現場の空気が感じられたり、モチベーションを高めたりする効果が期待できます。ですので、技術や知識以外に得られることのほうが、中心になる場合が多いです。

また、授業という形で専門学校や大学でゲームデザインのノウハウが学べる機会もあります。教える側がゲーム開発の第一線をだいぶ前に退いている場合や、ゲームデザインの実務経験がないことすらあります。

変化が早く、そのたびに過去のノウハウがあっという間に陳腐化していくのが、ゲーム業界です。鮮度と再現性の両方を備えるためには、**最前線に立っている現役のクリエイターが、ゲームデザインを技法として抽象化して語ることが求められます。**そうしたノウハウに触れられる機会は、かなり限られているのが現状です。

社内教育で学べるのは、作業だけ

ゲーム開発に携わっていれば、実務を通じてゲームデザインを学ぶ機会を得ることもあるでしょう。

しかし残念ながら、**ゲームデザインの実務を通じて学べることは、ゲームデザインでない場合がほとんど**です。

ゲームデザインの仕事をしてもゲームデザインが学べないとは、いったいなにを言っているのかと思われるかもしれませんが、それが現実です。

ゲームを遊ぶデバイスの高性能化に伴い、ゲームの規模はどんどん大きくなってきました。ゲームの規模が大きくなれば開発も比例して大規模化していき、その結果、ゲーム開発の体制は分業化や細分化が進んできました。ゲームデザインの仕事も細分化され、実務のなかでは、専門的な作業をこなすうえで必要な技術や知識のみの習得が優先されることが当たり前となってきました。

例えば、「敵キャラクターの強さやイベントの難易度などに関するパラメータを調整し続ける仕事」「シナリオテキストをゲームに表示するためのスクリプト言語を書き続ける仕事」「背景３Ｄモデルをグラフィックデザイナーに依頼するために、参考となる簡易マップを設計し続ける仕事」といったように細分化された専門作業です。

こうした作業は、当然ながらゲームデザインを構成する要素の一部ではありますが、一方で、一部分でしかありません。**部分的な専門作業を通じて学べることは、あくまで専門作業に関する実務的なノウハウやスキルだけです。それによって、ゲームデザインができるようにはなりません。**

こうした細分化された作業はひとつひとつの規模が小さく、必要なスキルも限定的なため、ゲームデザインの経験値が低い新人などでもある程度即戦力として携われる仕事として任されるケースも多いです。最前線での実務経験という意味では有意義ですが、こうした一部分の作業をこなすだけでは、ゲームデザインを本当に身につけることは難しいです。

現役クリエイターが実践する「マニュアル」を通じて学ぶ

実戦で役立つゲームデザインのノウハウを身につけようとした場合、現状はその解となる満足のいく方法が存在せず、八方塞がりともいえる状況です。

だからこそ、既存の考え方にとらわれない、**まったく新しいやり方が必要**なのです。

その役割を担うのが、再現性のあるゲームデザインの本質を身がつけられる、本書のマニュアル化したゲームデザインのノウハウです。

POINT

1 **ゲームは、完成させること自体が難しい**

2 **ゲームを取り巻く環境の変化が、完成させる難易度をさらに引き上げている**

3 **多くのゲームが、80点すら獲れず力尽きている**

4 **ゲームデザインの学習法は、確立されていない**

5 **ゲームデザイナーになっても、ゲームデザインは身につかない**

CHAPTER 2

ゲームデザイナーの「本当の仕事」

「おもしろいゲームを考える仕事」という誤解

”ゲームデザイナーは、
ゲームをおもしろくする“

ゲームデザイナーが、ゲームをおもしろくする

ゲームをおもしろくする役割を担う、ゲームデザイナー

ゲーム開発に携わる職種のなかに、ゲームデザイナーというものがあります。

ゲームデザイナーという仕事を簡単に説明すると、「ゲームをおもしろくする役割である、ゲームデザインを担う人」です。ゲームデザインに携わる人を実際どのように呼称するかは、会社やプロジェクトによって異なりますが、本書では総称としてゲームデザイナーと呼んでいきます。

ゲームデザイナーが具体的にどういったことを行う職種かを理解するうえで、まずゲームデザインについて正しく理解する必要があります。

ゲームデザインで、能動的にゲームをおもしろくしていく

ゲームデザインとは、「おもしろいゲームを考えること」ではなく、「ゲームをおもしろくすること」です。企画やアイデアなどを通じておもしろいゲームを考えることが、ゲームデザインと混同されがちですが、実際はまったく別物です。

ゲームデザインとは、ゲームをおもしろいものへと能動的に作り上げていく実務作業です。決して、斬新なゲーム企画や新たなゲームシステムを考え出すたぐいの仕事ではありません。

もちろん、ゲームを作っていく過程で、ときにそうしたアイデアを考える場面も訪れます。しかし、斬新ななにかをいくら考えたとしても、おもしろいゲームは出来上がりません。

企画書や仕様書づくりは、ゲームデザインではない

ゲームデザインというと、企画書や仕様書といった書類を書くような仕事をイメージするかもしれません。

もちろんそうした業務もゲームデザイナーの仕事には含まれています。しかし、それはゲームデザイナーの仕事の本質ではありません。

例えるなら、グラフィックデザイナーが『Maya』や『Abode Photoshop』といったグラフィックツールを使うのと同じことです。ツールはあくまでツールですので、使い方を学んでも絵自体がう

まくなるわけではありません。

　それと同様に、企画書の書き方、仕様書の書き方などの表面的な技法をどれだけ身につけても、ゲームをおもしろくすることは決してできません。

　ゲームをおもしろくする仕事の本質は、いかにしてゲームをおもしろくできるかを具体的に考え、実際に実行することにあります。

　書類作成はそれを実現する過程で発生する、ひとつの作業にすぎません。実際にゲームデザインに携わらないと見えづらいかもしれませんが、企画書のように表面で形に見える仕事と、実際のゲームデザインで行う仕事はまったく別物です。

　ゲームデザイナーの仕事の本質は、企画書や仕様書の作成などさまざまな方法をツールとして駆使しながら、ゲームをおもしろいものへと導いていくことです。

　本書では、そうしたツールの使い方ではなく、**ゲームをおもしろくするために必要な本質を、具体的なやり方として身につけていきます。**

ゲームデザイナー以外が、おもしろいゲームを企画する

ゲームの企画立案は、ゲームデザインとは呼ばない

ゲームデザインの具体的なやり方を紹介する前に、特に勘違いされがちなことですので、あえてこの点に触れておきます。

ゲームの企画立案に関する話です。

ゲームの企画立案は、ゲームデザインの仕事には含まれません。ですので、ゲームデザインを扱った本書では「ゲーム企画の立て方」といったものは扱いません。ゲーム業界未経験者や初級者であるほど勘違いしがちなところでもあるので、誤った認識を持たれないよう、どういうことか説明しておきます。

ゲームの企画立案は、ゲームデザインより前に行われる

ゲームの企画立案は通常、プロジェクトの始まる前の段階で行われます。プロジェクトの大元となる企画書は、プロデューサーやディレクター、社外のパブリッシャーやクライアント、自社の社長や上層部といった人たちの手によって作られる場合がほとんどです。

現場のゲームデザイナーに対して「お前、企画書を書いてみろ」「いい企画だから採用。プロジェクト化だ」といったやりとりで、企画立案が行われることはきわめて稀です。特に大手ゲーム会社や予算規模の大きいタイトルになればなるほど、その可能性は限りなくゼロに近づいていきます。

ですので、ゲームデザイナーになったからといって、いつか自分自身でゲームの企画立案ができるわけではありません。

ゲームの企画立案は、プロジェクトの発足段階でのみ存在する、例外的な仕事です。**ゲームデザイナーがゲーム開発の現場で毎日行っていく仕事は、あくまでゲームデザインです。**

ゲームデザインで、ゲームの企画書はつくらない

そうした実情があるにもかかわらず、ゲームデザイナーやゲームプランナーの採用活動の場において、募集要項のなかで「ゲーム企画書の提出」を求めることが一般的となっています。

実際に業務で携わることのない、ゲームの企画立案を想定した企画書を、です。

また、ゲームデザインを学ぶ書籍や学校のなかで扱われる「企画書の書き方」といったたぐいの

話も、多くの場合は、この企画立案のための企画書の話です。

こうした実情が、ゲームデザインとゲームの企画立案とを混同させる要因につながっているのではないかと思います。

実際のゲーム開発現場において、**ゲームデザインの実務として企画立案のための企画書を書くことはありません**。ですので、そうしたノウハウを身につける優先度は、あまり高くありません。

作品提出において、企画書はゲーム内容以外の部分も見られる

とはいうものの、就職活動において企業側から提出を求められる以上、これからゲームデザイナーを目指す人にとって、企画書は作らざるをえないものでしょう。

その場合に大事にするべきこととしては、斬新な企画を考えるといった、アイデアの良し悪しではありません。

文章や構成を通じて、**書類としての完成度を磨くこと**に、ぜひ時間を割いてください。

採用する側の視点でいうと、企画書に書かれているゲームがおもしろいかどうかはあまり重要ではありません。厳しい言い方になりますが、企画立案を実際に生業としているプロの目からすれば、どんなに頑張ったところで、所詮はどんぐりの背比べにすぎません。

それよりも、如実に個人差が出て伝わってくるのが、書類作成能力です。企画書の書類としての精度を通じて、その人の持っている書類制作能力を判断します。

例えば、適切な日本語で説明できているかどうかを見る「日本語力」、ページや文章を簡潔にわかりやすく組み立てられているかどうかを見る「構成力」、ゲームや市場に関する情報の精度や深さを通じて測れる「知識量」などです。

こうしたスキルは、ゲームデザインの実務ですぐにでも必要になってきますから、実際に携わらないゲームの企画立案の中身よりも、採用の判断材料として重視することになります。

ただし、どれだけきれいな画像や凝ったレイアウトで書類の見た目を飾っても、ゲームデザインの素養を証明することにはならないので、ご注意ください。

データとルールをおもしろくすれば、ゲームはおもしろくなる

ゲームデザインには正しい手順がある

ゲームデザインとは、ゲームをおもしろくする仕事です。

ゲームをおもしろくするためには、当然ながら具体的なやり方が存在します。ただなんとなく、お

もしろくしたいと思ってやっているだけでは実現できませんし、いつの間にか勝手におもしろくなっているようなこともありえません。

おもしろくしていくためには、まず適切なゲームデザインの手順を踏む必要があります。そして、それぞれの手順には、おもしろさに対して果たす役割がありますので、それを理解するところが出発点となります

ゲームはデータとルールの集合体で形作られる

ゲームをおもしろくしていく方法を知るにあたり、まず、そもそも**ゲームがどのように出来上がっていくのかを、最低限の知識として知っておく必要があります。**

ゲーム開発に携わったことのない方からは想像がつきづらいかもしれませんので、家庭用ゲームなどのデジタルゲームを例に簡単に説明します。

ゲームは、PCで作成した画像や音源など個別の素材データを、ゲーム用のプログラミング言語によってゲーム画面上に表示していきます。そして、表示したデータが、どのようなルールに基づき、どのように動くかをプログラムしていきます。それによってコントローラーによるプレイヤーの操作や、操作に対するリアクションを実現していきます。

例えば、「プレイヤーが十字キーの右を押している間、キャラクターが前方にこのくらいのスピー

ドで、このアニメーションを行いながら、足元にはこのエフェクトを出して移動する」といった細かなルールを文字通り無数にプログラムしていきます。

データとルールの集合体が、ゲームを形作ります。この基本的な構造は、どんなゲームジャンルやプラットフォームでも同じです。

デジタルゲーム以外、例えばアナログゲームであっても、基本的な考え方は同じです。カードやトークンといった現実世界に実際にあるデータ（コンポーネント）を、ゲームが定めるルールに基づいて、プログラムではなくプレイヤー自身で動かしていきます。

ゲームデザインが、「データとルールを具体的に定める

ゲームデザイナーの仕事は、ゲームを形作るデー

データにルールをプログラムしていく

＋

＋

…

コントローラーのキー入力でキャラクターが時速○mで移動する

移動の際には、モーションAを再生し続ける。

移動の際には、足音Aを○秒おきに再生する。

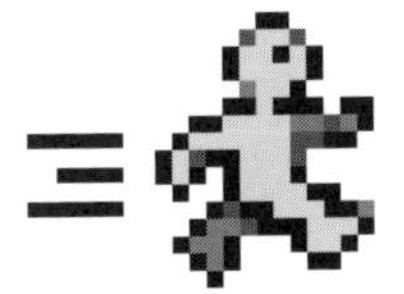

タとルールに対し、どんなデータを作り、どういったルールで動かすかを決めていくことです。

データとしてなにを作るかを決めなければ、ゲーム開発は進んでいきません。出来上がったデータを動かすルールを決めなければ、データはただのデータのままです。この2つをゲームデザイナーが定めていくことで、ゲーム開発は一歩ずつ前進していきます。

そして、ゲームデザイナーが決めたことをチームメンバーへ伝え実現していく手段として、企画書や仕様書、アイデアやミーティング、ときには自分自身でデータを作成するなど、さまざまなツールを駆使していくことになります。

ゲームデザインで、データとルールをひとつずつおもしろくしていく

ゲームは無数のデータとルールで構成され、ゲームデザイナーがそれらの内容を定めることで、一歩ずつ徐々にゲームが組み上がっていきます。

しかし、これではただゲームが組み上がっていくだけで、そこにおもしろさは存在しません。ゲームにおもしろさをもたらすためには、データとルールのひとつひとつを、おもしろいものに仕上げていく必要があります。

つまり、**ゲームデザインによってゲームをおもしろくするとは、データとルールをひとつずつおもしろくしていく作業の積み重ね**といえます。

この構造を理解したうえで次に考えるべきことは、具体的に「なにを」「どのように」行っていけ

ばデータとルールにおもしろさをもたらすことができるのか、です。

POINT

1 ゲームデザイナーが、ゲームをおもしろくする役割を担う

2 「おもしろいゲームを考えること」と「ゲームをおもしろくすること」は、別物である

3 ゲームデザイナーが、ゲームの企画立案を行うわけではない

4 データとルールの集合体が、ゲームを形作る

5 データとルールの具体的な中身を、ゲームデザイナーが決めていく

6 データとルールをおもしろくすれば、ゲームはおもしろくなる

チームメンバーを導き、ゲームをおもしろくする

”ゲームをつくることと、おもしろくすることでは、まったく異なる視点が必要である“

ゲームデザインには、基本となるサイクルが存在する

ゲームデザインは「発注」「実装」「調整」で進める

ゲームを形作るデータに対して、ゲームデザイナーが「なにを」の部分をどのように決め、どのように作り上げていけばよいのか、そのやり方を紹介します。

ゲームを作るうえで必要となるデータは、必要だと決まったからといって、誰かが勝手に作ってくれるものではありません。ゲームデザイナーが具体的に主導していくことではじめて形になります。

そのためにゲームデザイナーは、大きく分けて次の3つの工程によってゲームデザインを進めていくことになります。

- 発注
- 実装

・調整

この3つです。これらの工程は必ずセットになります。そして、進める順番は必ず「発注」→「実装」→「調整」の流れとなります。

3つの工程それぞれがどのようなものかを、まずは簡単に説明します。

「発注」でやりたいことを伝える

「発注」とは、**どんなデータを作るかの詳細を定め、それをしかるべき担当者に依頼していく工程**です。

ゲーム開発において、データを作るのは主にプログラマーやグラフィックデザイナーといった各分野の専門家たちです。

ゲームデザイナーが自分自身でデータを作る機会は少なく、チームメンバーに対して依頼し、データを作ってもらう場合がほとんどです。

発注の具体的な例としては「敵キャラクターの見た目や攻撃方法」「ゲームオプションにどういった機能をいれるか」「タイトル画面で鳴らす楽曲」といったようにさまざまで、対象はゲーム全域におよびます。

依頼といっても「とにかく、かっこいい感じのものでお願いします」といった、依頼内容が曖昧に受け取られかねないやり方は事故のもととなるため通用しません。

阿吽の呼吸や以心伝心といったものに頼ることなく、なにを作るかを正確に定め、適切な相手に対し、相手が理解できる形で伝えることが求められます。

ゲームデザインの基本サイクル

発注 ⟶ 実装 ⟶ 調整

「実装」でデータが作られる

「実装」とは、**発注で依頼したデータが、ゲームに組み込まれていく工程**です。

前述のとおり、ゲームデザイナー自身が作業をしてなにかを作る機会は少なく、多くの場合は自分以外の誰かによって作られるものが出来上がっていくのを、待つ工程になります。ただし、待つといっても、なにもしないわけではありません。

ゲームで用いるデータは、ゲームの中へ組み込まれてはじめて、完成となります。グラフィックツール上ではうまく見えていたものやきちんと動作していたものでも、実際にゲームのなかに組み込んでみるとうまく表示されなかったり、ＰＣ上で見た印象と異なっていたりする場合もあります。

データを作ること自体は、実装の途中工程でしかなく、必ずゲームのなかに組み込んで確認する必要があります。

実装の工程において、ゲームデザイナーは、発注の意図を満たしているものが出来上がっているかどうかを確認し判断していく必要があります。

また、確認するだけでなく、もしデータが発注と違うものになっていた場合には、その発見、指摘、修正方法の検討などの対応を行っていきます。

「調整」でデータを仕上げる

「調整」とは、**実装で組み込まれたデータに対する、最終仕上げの工程**です。

ゲームデザイナーの役割は、各データの作業が完了となる状態へと導くことです。

実装工程において、データをひとつひとつ順番に実装していくことで、ゲーム全体が徐々に組み上がっていきます。その結果、データひとつひとつの実装段階では見えてこなかったことが、ほかのデータとの組み合わせによってはじめて露呈する場合があります。

ゲームデザイナーが調整を通じて行うのは、ゲーム全体を俯瞰した視点で、データ同士のバランスを整えていく作業です。

データの調整は、実装と同様に、主にそれぞれの専門家の手によって行われます。ゲームデザイナーは、その調整内容を発注する形で依頼していきます。

以上、3つの工程について簡単に説明しましたが、このようにゲームデザイナーの仕事は基本的に、チームメンバーへの依頼が中心となります。

ゲームを構成するデータやルールに対して、「なにを」の依頼を通じて、開発全体をゲーム完成に向けて前へ進めていくのが、ゲームデザイナーの役割です。それを実現していくのが、3つの工程「発注」「実装」「調整」の基本サイクルです。

基本サイクル以外にも、ゲームデザインは存在する

ゲームデザイナー自身でデータを作る場合もある

ゲームデザイナーの仕事の多くは、チームメンバーになにかを依頼し、開発を推し進めていくことによって成り立っています。

例外的に、**ゲームデザイナー自身が実作業者として、データ制作業務に携わる場合もあります。**企画書や仕様書といった書類作業ではなく、ゲームに実際に実装されるデータを直接作成する作業を担うことがあります。

代表的な例としては、「イベントシーンでの演出を作るためのスクリプト」「キャラクターやバトルのパラメータを設定するマスタデータ」「マップ上に各種判定データを配置する当たり判定マップ」といったものがあります。

このように「なにを」の作業をゲームデザイナー自身が担う場合の、やり方についても簡単に紹介しておきます。

ゲームデザイナー自身でやることが望ましい作業もある

ゲームデザイナーが直接担当する実作業の多くは、**ゲームデザイナー自身で行ったほうが効率や品質の観点で望ましいものに特化**します。

もともとはプログラマーやグラフィックデザイナーが行っていた業務のため、ただ担当を変えるだけでは、技術的な専門知識を持たないゲームデザイナーには対応不可能です。多くの場合、ゲームデザイナー向けに簡易化した作業環境とともに、作業の切り出しが行われます。

例えばスクリプトは、プログラミング言語を習得していないゲームデザイナーでも記述可能な、簡易的なルールで構成されたプログラミング言語です。ゲームデザイナーがデータを作成するための環境は、それぞれのプロジェクトや会社独自の専用ツールとして開発される場合もあります。

ゲームデザイナー自身へ「発注」する

ゲームデザイナー自身がデータ制作作業務を担う場合においても、「なにを」を進めるうえでの考え方は、共通しています。

もともとはゲームデザイナー以外のチームメンバーが担っていた作業ですので、チームメンバーに依頼していた場合と同様に、「発注」「実装」「調整」の3工程がそのまま適用できます。

つまり、**ゲームデザイナーが、ゲームデザイナー自身に対して発注する**という考え方です。

ゲームデザイナー自身でのデータ作業でもチームメンバーへの場合と同じ3つの工程で構成されていることを念頭においておけば、やり方に迷うことはないでしょう。

ゲームをおもしろくするのに、ゲームデザイナーは必要不可欠

ゲームデザイナー抜きでは、おもしろくする難易度は跳ね上がる

ゲームデザイナーは、チームメンバーになにを作るかを依頼し、チームを動かすことで開発を推し進め、ゲームを作り上げていきます。

実データ制作においては自身ではほとんど手を動かすことがありません。そのような役割であることから、ときに「ゲームデザイナーは本当に必要なのか？」といった議論が起こることがあります。「なぜゲームデザイナーが、なにを作るか決めなければいけないのか？」「実際に作る作業を担うプログラマーやグラフィックデザイナーが、自分たちで直接決めて作ったほうが早いのでは？」といった考え方です。

実際、そうした考え方に基づきゲームデザイナーを置かないやり方の開発現場も一部では存在します。ゲームデザイナーに該当する職種の採用を行っていないゲーム会社もあります。

もちろんそれも、ひとつのやり方ですので間違っているとは思いません。しかし確実にいえるの

は、ゲームデザイナーに頼らないやり方は、**ゲームの規模が大きくなるにつれ、ゲームをおもしろくする難易度が格段に跳ね上がっていく**ということです。

それには明確な理由があります。

ゲームデザイナーは、おもしろくすることを優先する

プログラマーやグラフィッグデザイナーなどゲームデザイナー以外のチームメンバーが作業するとき、それぞれの専門家としての目線から、どうしてもデータを完成させることに意識や優先度が置かれがちです。

各専門家の役割としては、なにかを作るうえでなにより先に、「技術的に可能か？」「現実的な実現性なのか？」「安全性は大丈夫か？」「費用対効果は高いのか？」といった視点で物事を捉える必要があるからです。

あるデータを作り上げることと、ゲームをおもしろくすることは、根本的に別の視点が必要です。

各専門家にとっては、自身が担当する領域のデータを、依頼にそった万全の状態で作り上げることが、まず果たさなければならない最優先事項となります。当然ながらそれが、各専門家に対して期待されていることでもあるからです。

ただし、技術的に正しいことをやっているだけでは、ゲームはおもしろくなりません。むしろ、正しくないことをやったほうが、よりおもしろくなることすらあります。その場合、自身が作業者と

して持つ「正しく完成させること」への意識が、判断の足を引っ張ることになります。

二律背反する視点を、自分のなかで両方コントロールできるのであればなにも問題はありません。

ただそれは、チームの全員ができるほど簡単なことではありません。

だからこそ、データを作ることに専念する立場とは異なる立ち位置からの、**おもしろさに特化した客観的な視点**が重要になります。

その役割を担うのがゲームデザイナーです。

ゲームは膨大なデータで構成される

ゲームの規模と比例して、ゲームを形作るデータは膨大な数に増えていきます。

その数はゲームによって異なりますが、数千件は優に超える発注が行われます。大規模な運営型タイトルともなればゲームの規模だけでなく、運営期間とも比例していくため、数万件にもおよぶ発注が行われることになります。

それらを数十人からときに数百人にもおよぶ開発チームの各メンバーで分担して、作り上げていきます。

ゲームデザイナーがいれば、客観的に要不要を判断できる

実装されていく膨大な要素それぞれを、ゲームとしておもしろいものに仕上げていくわけですが、おもしろくするだけでは十分ではありません。

おもしろさを、特定の方向に向けていく必要があります。

これをしないと、ちぐはぐなおもしろさが混在したものが出来上がってしまい、ときにはゲーム内の要素同士で足の引っ張りあいのようにすらなってしまいます。

特定の方向に向けていくにあたって、データを制作した個々人でその良し悪しを判断していくと、どうしても自分自身のプレイヤーとしての好みや力量、作った際の思い入れといった主観的な要素が判断に影響しがちです。プレイヤーとしての趣味趣向や技量は十人十色ですから、そうしたものがおもしろさの判断基準に影響していては、ゲームのちぐはぐさにつながりかねません。

このような状況に対し、ゲームデザイナーがいれば、直接データ制作に携わっていない立場から客観的視点に立ち、ゲームの進むべき方向に対しての要不要を基準に物事を判断していくことができます。この視点により、膨大なデータによって構成されているゲームが、ひとつの形へと収束していくことになります。

ゲームデザイナーは、さまざまなチームメンバーによって**バラバラに作られていったデータを、ある特定の方向へ客観的に導いていく役割を担う**のです。

開発規模が小さいゲームに限っていえば、一人のディレクターが隅から隅まですべてを見きるやり方も可能です。しかし、開発がある一定の規模を超えると、それはあっという間に不可能になり

ます。そうなったときに、客観的視点に立ってゲームの各所を特定の方向へ導く、ゲームデザイナーの役割が必要不可欠となります。

POINT

1. ゲームデザインは、「発注」「実装」「調整」のサイクルで行う
2. ゲームデザイナーの仕事は、チームメンバーへの依頼が中心となる
3. ゲームデザイナー自身で、実作業を担う場合もある
4. ゲームデザイナー不在の開発現場も存在する
5. ゲームの開発規模に比例して、ゲームデザイナーの存在が重要になってくる
6. おもしろくすることを最優先に判断する役割を、ゲームデザイナーが担う

「一貫性」でおもしろさの〝掛け算〟を生み出す

〝ゲームデザインの本質を理解すれば、どんなゲームでもおもしろくできる〟

「発注」「実装」「調整」で、ゲームをおもしろくする

ゲームのおもしろさを左右する3つの場面

『ゲームデザインには、基本となるサイクルが存在する』（▼P059）で説明したとおり、ゲームデザイナーの仕事の基本サイクルは「発注」「実装」「調整」の3つの工程です。そして、この基本サイクルこそ、ゲームをおもしろくすることと密接に関係しています。

ゲームが実際におもしろくなる場面のほとんどは、「発注」「実装」「調整」のどこかで発生します。

ゲームのおもしろさは、なにかおもしろいことを閃いた末に生まれたり、舞い降りてきたりするものではありません。また、ゲームを作っていれば、完成度とともに徐々におもしろくなっていくというものでもありません。

ゲームのおもしろさは、ゲームデザイナーの実務を通じて能動的におもしろくしてくことで、はじめて生まれます。

そしてそれは、「発注」「実装」「調整」の3つの工程において、ゲームデザイナーが適切な対応を行った結果生まれるものです。

では、これら3つの工程がおもしろさをどのように左右するのかを簡単に説明します。

「発注」がおもしろさの「行き先」を決める

「発注」がおもしろさを左右するのは、発注の工程を通じておもしろさの「行き先」が決まるからです。

発注によってはじめて、チームメンバーが作るべきものの完成像、つまり作業の終着点が決まります。

発注とは、作業の終着点を決めるための工程であり、実務の始まりを意味する出発点でもあります。**どのように発注したかによって、出来上がるおもしろさの種類と到達できる場所の限界値が、おおむね決まってきます。**

もちろん、発注した段階で想像していた以上のものが、実際に仕上がることもあります。ただそれはとても稀なことです。

料理に例えるなら、発注は「献立決め」の工程です。どんな料理を作るかを決めることが、すべての始まりとなります。

ゲームのおもしろさを左右する3つの場面

発注 ──→ 実装 ──→ 調整

おもしろさの行き先を決める

おもしろさの行き先へ向かう

おもしろさの行き先に着地させる

「実装」でおもしろさの行き先へ向かう

「実装」がおもしろさを左右するのは、実装の工程を通じておもしろさへ「実際に向かう」からです。

どれだけ素晴らしい発注を行えたとしても、実際にそれが形にならなければただの絵空事で終わってしまいます。絵空事で終わらせないためにも、実装の工程を通じて、おもしろさの行き先へ実際に一歩ずつ近づいていく必要があります。

料理に例えるなら、実装は「調理」の工程です。料理に必要な食材を用意し、料理内容にあわせて食材同士を組み合わせ、調理器具を用いて煮たり焼いたり炒めたりと、食材の集合体を料理へと変えていきます。

「調整」でおもしろさの行き先に「最終着地」させる

「調整」がおもしろさを左右するのは、調整の工程を通じて、それまで進めてきた作業を「最終着地」させるからです。

調整で行われる細かな作業のひとつひとつが、実際にゲームとしてプレイしたときの印象や手応えに大きな影響を及ぼします。**この工程により、おもしろさの最終的な「出来」が決まります。**

料理で例えると、調整は出来上がった料理の味を整え、皿に盛り付けをし、それをお客さんへ提供する仕上げの工程にあたります。料理の出来は、使っている食材や調理方法など厨房のなかでの出来事ではなく、最終的にお客さんの口に届いた部分の結果で評価されます。

ゲームも同様に、調整を経てユーザーに提供された結果のみによって、おもしろさが評価されます。

これら、おもしろさを左右する「発注」「実装」「調整」の3つの工程は、それぞれ別種の作業ではありますが、密接なつながりを持っています。

ゲームデザイナーは、ゲーム開発のあらゆる場面において、3つの工程をサイクルとして繰り返していくことで、ゲーム開発を前へ進め、そして、ゲーム全体をおもしろさへと導いていくことになります。

ゲームデザイナーだけが3つの場面をコントロールできる

「発注」「実装」「調整」に一貫性を持つ

ゲーム開発に携わるメンバーのなかでは基本的に、ゲームデザイナーだけが「発注」「実装」「調整」のすべての場面に関与できます。

この3つの工程をゲームデザイナーがどのようにコントロールするかで、ゲームの最終的なおもしろさが大きく変わってきます。

工程同士が密接なつながりを持つこのサイクルにおいて、特に重要となってくるのが「一貫性」です。**一貫性は、強固なおもしろさを生み出す土台**となります。

それぞれの工程において一貫性がどのようなもので、どのような役割を果たすかを説明します。

「発注」と「実装」の一貫性で、点と点を線で結ぶ

はじめに、「発注」と「実装」の一貫性について説明します。

実際のゲーム開発の現場では、「こっちのほうがおもしろいと思ったから」「このほうが作りやすかったから」といった理由により、発注内容とは異なった形で実装されることが往々にしてあります。

各自の観点で見れば、もしかしたらそれらは最適解なのかもしれません。ただし、そうして徐々に発注からずれていった要素のひとつひとつを、点と点から最終的に線でつないでいったとき、それぞれを点で見ていた段階では表面化していなかった、不整合や不具合を生み出している可能性があります。

そうした潜在的な問題を作らないためにも、実装されているものが単におもしろいかどうか以上に、**発注に基づいて実装されているかが重要**と理解しておく必要があります。

「発注」と「調整」の一貫性で、属人的判断を減らす

次に、「発注」と「調整」の一貫性について説明します。

仕上げとなる調整工程においても、一貫性の考え方は実装と同様です。調整する作業者にとってよい調整ではなく、**発注意図に基づいたよい調整が行われることが重要**となります。

調整は、担当者個人のプレイヤーとしての好みや技量の影響を受けやすい工程です。また、調整

作業を繰り返すなかで、延々と同じ部分をプレイしては確認し続けることで、どうしても担当者はプレイヤーとしての熟練度が上がってしまいます。

そうなると、腕前があがった自分にとって最適な難易度に調整してしまったり、内容を熟知するあまり本来は必要なはずの「チュートリアル」や「ヘルプメッセージ」といった、初見者への配慮が疎かになってしまったりしがちです。

そうした、調整作業者の属人的な影響を極力排除するためにも、発注内容を指針とした一貫性を保つ努力が必要です。

「実装」と「調整」の一貫性で、手戻りを減らす

最後に、「実装」と「調整」の一貫性についてです。

おもしろさを実現するためには、**調整を前提とした実装**が重要です。実装する段階で、のちにどこを調整するか、あらかじめ見越した実装方法を選択することで、実装と調整の一貫性を保てます。

これをうまくやっておかないと、実装が終わったあと調整する工程になった段階で、ゲームデザイナーが「やっぱりここのパラメータも調整したい」といったことに気づきます。それをプログラマーに尋ねると「そこはゲームデザイナーが調整できる仕組みではプログラムされていないので、できない」といった結果が返ってくることになり、実装が完了しているものを調整のために作り直す

ことにつながってしまいます。

もちろん、こうした作り直しや試行錯誤を完全にゼロにすることは不可能です。ですが、あらかじめ実装より前の段階で、「こういった意図があるのでこういった部分を調整したい」といったことさえわかっていれば、調整を見越して実装できます。そうした箇所をできるだけ多く増やせれば、実装後の手戻りによる無駄を減らせます。

一貫性が、おもしろさの〝掛け算〟を生み出す

ゲーム開発は、多くの人が携わる集団作業です。

その全工程を細かく管理することは不可能であり、開発の過程においては、携わる人それぞれの視点、それぞれの都合による判断や進行に頼らざるをえません。

であるがゆえに、それぞれで作り上げていく点と点が、線でつながった際に生じうる課題を、事前に予測して最小限に留める動きをしていく必要があります。

ゲームデザイナーが「発注」「実装」「調整」の工程に一気通貫で携わることで、そうした部分での舵取りが可能となります。3つの工程で一貫性を貫き通せたとき、点と点は掛合わさり、それが**おもしろさ同士の〝掛け算〟**へとつながっていきます。

ゲームを確実におもしろく組み立てる

マニュアルは、どんなゲームにも一貫性をもたらす

　ゲームデザイナーがゲームをおもしろく作り上げていくためには、「なにを」を推し進めていく「発注」「実装」「調整」の工程を、一貫性を持って行っていくことが重要です。

　ゲームの目指す目的地へ無事たどり着くためには、その道筋を一貫性を持ってチームメンバーに示し続ける必要があります。

　携わるゲームの種類によっては、その過程で実際に考えていくことはさまざまです。ですが、ゲームデザインをどのように考え、**どのように進めればよいかという本質は、ゲームの種類や携わる業務にかかわらず共通**です。

　どんなゲームにおいても、一貫性をもたらすことができるやり方は存在します。それが本書で紹介する、マニュアル化したゲームデザインのノウハウです。

マニュアルはあくまで、ガイドである

マニュアルは、あくまでマニュアルです。

なにかを身につけるための、道具にすぎません。マニュアルを通じて得たものを、実際に実行するかしないかは本人次第です。

本書で紹介するノウハウがマニュアルとして果たす役割は、**どのように考えて答えを導き出していくとおもしろさにつながる結論にたどり着きやすいか**を示す、ガイド役のようなものです。

登山に例えるなら、山を登るのはあくまで自分自身です。しかし、これから山登りをするにあたって、なんの助けや準備もないまま登っていくか、それとも山頂までのおすすめルートや山登りにおける注意点などの情報を得たうえで登るのかは、登山を始める前に選択できます。

マニュアルによって得られるものを正しく理解したうえで、前へと進んでいきましょう。

POINT

1 ゲームは、「発注」「実装」「調整」を通じておもしろくする
2 「発注」で、おもしろさの行き先を決める
3 「実装」で、おもしろさへと実際に向かっていく
4 「調整」で、おもしろさの行き先に最終着地させる
5 「発注」「実装」「調整」の一貫性によって、おもしろさはより強固なものになる
6 マニュアルを使えば、確実に一貫性をもたらすことができる

ゲームにおもしろさをもたらす、ゲームデザイン術

ゲームを確実におもしろくする5つのステップ

”たった5つのことができるだけで、ゲームは誰にだっておもしろくできる“

「ゴール設定」「アイデア出し」「発注」「実装」「調整」で、ゲームをおもしろくする

ゲームをおもしろくするためにすべき、5つのこと

ゲームデザイナーが「発注」「実装」「調整」の3つの工程を通じて、チームメンバーへ依頼を行い、そして、ゲームをおもしろくしていくということを説明してきました。

ここからは、それらの工程を進めていく過程において、ゲームデザイナーが実際にゲームをおもしろくしていくために、「どのように」考えていけばよいのかを具体的に説明していきます。

ゲームをおもしろくするためにやるべきことは、次の5つのステップに集約されます。

1 ゴール設定
2 アイデア出し
3 発注

ゲームをおもしろくするためにすべき、5つのステップ

STEP 1 ゴール設定 → STEP 2 アイデア出し → STEP 3 発注 → STEP 4 実装 → STEP 5 調整

4 実装
5 調整

まずは、これら5つのステップそれぞれを簡単に説明します。

ステップ1 ゴール設定

はじめに言いますが、これが最も重要なステップです。

なにかを始めるとき必ず最初にやらなければならないのは、ゴールを決めることです。

ゴールの設定とはすなわち、「達成したいこと」を定義することです。ゲームのなかになにかを組み込むにあたっては、なにかしら明確な理由が必ずあるはずです。「必要そうだから」「おもしろそうだから」など、その理由はさまざまですが、どういった理由かにかかわらず、それを作ることでなにを達成したいのかというゴールを、必ず事前に決めなければなりません。

ステップ2　アイデア出し

ゴールが明確に決まったら、次は具体的になにを作るかのアイデアを考える工程に進みます。

アイデアを考える際には、ステップ1で設定したゴールを、なにによってどのように達成するかを考えていく必要があります。そのためには、アイデアを考える前段階として、**制約や前提条件などの整理から**行っていきます。

アイデア出しの段階で発想の風呂敷を大きく広げ、夢をふくらませることはとても大事なことですが、一方で、まったくの絵空事になってしまうようなアイデアにしないこともあわせて重要です。

ステップ3　発注

ゴールを決め、アイデアを考えたら、次は発注へと進みます。

第2章でも触れたように、発注はチームメンバーへの依頼という形で行っていきますが、これはいきなりできるものではありません。その前段階としてゴールとアイデアの整理が必要になります。

発注作業自体には決まったフォーマットはなく、作るものの中身やプロジェクト、会社ごとのやり方にあわせ、仕様書や発注リストなどさまざまな形式で行われます。

ステップ4　実装

ゴールに基づいたアイデアを考え、発注を行ったら、次は実装へと進んでいきます。

こちらも第2章で触れた工程ですが、実際にゲームを構成する要素が形作られていくなかで、ゲームデザイナーはその制作過程が円滑に進むよう、チームメンバーとコミュニケーションをとっていきます。

実装工程の進め方は、プロジェクトやゲーム内容によってさまざまです。

ゲームデザイナーの実作業としては主にゲーム機上での動作チェックや、チェックを踏まえた結果を伝えるための資料作成およびミーティングなどによって構成されます。

ステップ5　調整

実装が終わったら、出来上がったものをユーザーに提供できる状態へと最終的に仕上げていきます。

第2章でも触れましたが、**調整の対象は、ゲーム全域に及びます**。調整の工程には、主に不具合を発見し修正していくデバッグと呼ばれる工程と、おもしろさの向上に影響するデータやパラメータの変更などを行うクオリティアップの工程とがあります。

これら5つのステップにのっとって業務を進めていくことが、ゲームデザインの「どのように」の部分の基本です。そしてそれぞれの工程で、ゲームのおもしろさを作り上げていくことになります。

これら5つのステップでは、正しい順番と、適切な考えを持って実行していくことが重要です。そのやり方を、それぞれのステップごとに説明していきます。

POINT

1 「ゴール設定」で、達成したいことを定義する
2 「アイデア出し」で、ゴールに向かったアイデアを考える
3 「発注」で、チームメンバーに依頼を行う
4 「実装」で、チームメンバーとコミュニケーションをとっていく
5 「調整」で、最終仕上げを行う

「ゴール設定」からすべては始まる

"ゴールから始めれば、ゲームデザインは確実に成功へ近づける"

ゲームデザインは手段より目的を優先する

ゴールを決めることは、ゲームデザインの最重要工程である

ゲームデザインの工程のなかで最も重要なのが、ゴールを決めることです。

ゲームデザインにおけるゴールとは、ある要素をゲームのなかに盛り込むうえで、その要素を通じて**なにを達成したいのかを定める**ことです。「なんのために」それを作るのか、という理由づけともいえるものです。

ゲームデザインにとってのゴールの重要性は、現役のプロでも学びや気づきの機会が少なく、疎かになりがちです。ゴールの重要性を理解し、ゴールありきのゲームデザインを行えるかどうかが、ゲームをおもしろくできるかの大きな分かれ目となります。

ゴールがなぜそれほどまでに重要なのかを説明していきます。

「なんのために」なくして、アイデアに価値は生まれない

ゲームデザイナーがなにかを考えようとしたとき、アイデアから考え始めてしまう場合がほとんどです。

当然のことながら、ゲームをおもしろくするためにはアイデアも必要です。しかし、「なんのために」がないまま、なんとなく考え始めて生まれたアイデアは、多くの場合あまり価値のあるものになりません。

ゲームデザインにおいて、アイデアとは目的を実現するための手段にすぎません。**アイデアは、ゴールに貢献することではじめて価値が生まれます。**

登山に例えるなら、アイデアは「どの山を登るのか」、ゴールは「なにを目的に山を登るのか」になります。その日の登山の目的が、家族を連れ立ってのハイキングなのか、熟練の登山仲間たちとの本格的な山登りなのかで、当然ながら登る山もまったく変わってくるはずです。

ゴールのないアイデアというものは、目的がないまま山を決め、いきなり登り始める行為と同じです。

実際に登山を行う場合では、登るべき山を考える前に、まず「なんのために」を考えることから始めると思います。ゲームデザインにおいてもそれは同じです。

アイデアを考え始める前にまず、「なんのために」を明確にする必要があります。

目的より手段が先行すると、失敗する

ゴールという目的より、アイデアという手段が先行したゲームデザインは、たいてい失敗します。あるアイデアに固執するあまり、ゲームが必要としていることと、実際に作られていくものとがちぐはぐになる場合が多いからです。

あるアイデアを実現することは、ゴールにはなりえません。

ゲームデザインは、ゴールから決める。

このやり方を徹底することが重要です。

ゴールを決める対象は、ゲームデザイナーが携わるすべての要素です。ゲーム全体に影響するゲームシステムといった単位のものから、敵キャラクター1体1体、技1種類ずつ、イベントひとつひとつといったゲームを構成する細部の要素まで、すべてにゴールが必要です。

そして、ゴールを定めたら、そこに向かってデザインしていくというやり方を徹底していきます。ゴールに貢献するアイデアを考えるためには、それが必要だからです。

ゲームを階層構造で捉え、ゴールを決める

ゴールは意思決定時の最重要指針となる

ゴールは、ゲームデザイナーが実作業として担当する細部の要素より先に、ゲーム全体に対して設定します。

ゲームが目指すべきゴールを決めるということは、チームメンバー全員がこれから進むべき道として目指す、最終目標地点を定めることを意味します。そのゲームを通じて、なにを成し遂げたいのかを明確に定めることです。

ゲーム全体の達成目標として設定されたゴールは、その後、**開発のなかで行われるあらゆる意思決定の場面で、最重視される大方針**となります。

ゲーム全体のゴールを達成するために、ゲームをあるべき方向へと導いていくのがゲームデザインであり、それを推し進めていくのがゲームデザイナーの役割です。

では、ゴールとは具体的にどのように設定していくものなのでしょうか？

ゴールの決め方に、ルールはありません。どんな形であれ、決めてしまえばそれがゴールになります。

ゴールに正解も不正解もない

大前提として、ゴールに正解も不正解もありません。

そのゲームの開発に携わる、自分たちにとっての達成目標ですから、**なにを達成したいかはあくまで自分たち自身が決める**ことです。

自分たちといっても、開発現場のメンバーだけの思いで決められるものではありません。会社やプロジェクトの方針、クライアントの意向といった要素も加味しながら、自分ごととして咀嚼していく必要があります。

ゴールという単語からは、決められた正しい場所へたどり着くことを目指す、正解探しのようなことを想像するかもしれません。

しかし、実際はまったく異なります。

ゲーム開発において、ゴールは自分たち自身で設定しない限り、見つかることはありません。

なんのために山を登るかに、正解はないのと同じです。

正解が存在しないものだからこそ、なにをどのような切り口で達成目標とするかのという部分に、ゴールを設定する人物の個性が色濃く反映されていくことになります。

ゴールは「ハイレベルゴール」で設定する

自分たちの決め方で決めたことがゴールとなり、そこに正解も不正解もないとなれば、あとは自由にゴールを決めていくだけです。

ただそうはいっても、実際になにをどうすればよいかわからないこともあるでしょうから、ここではゴールを設定する具体的なやり方をひとつ紹介します。

「ハイレベルゴール」という考えに基づいたやり方です。

ハイレベルゴール（High Level Goal）は直訳すると「上位の目標」といった意味になります。主に欧米のゲーム開発現場では当たり前となっている考え方で、特に大規模な開発現場においては、プロジェクトを支える重要な要素でもあります。

ハイレベルゴールに基づいた、ゴールの設定方法を紹介します。

この図は、ゲームの構成要素を簡易的に表したものです。例えば、図の上から、

「ゲーム」→「ゲームシステム」→「バトルシステム」

と、下に降りていくにつれ、要素の粒度が細かくなっていきます。

ゴールの設定は、まずこのように**ゲームを階層構造で捉える**ところから始めます。

ゲームを階層構造で捉える

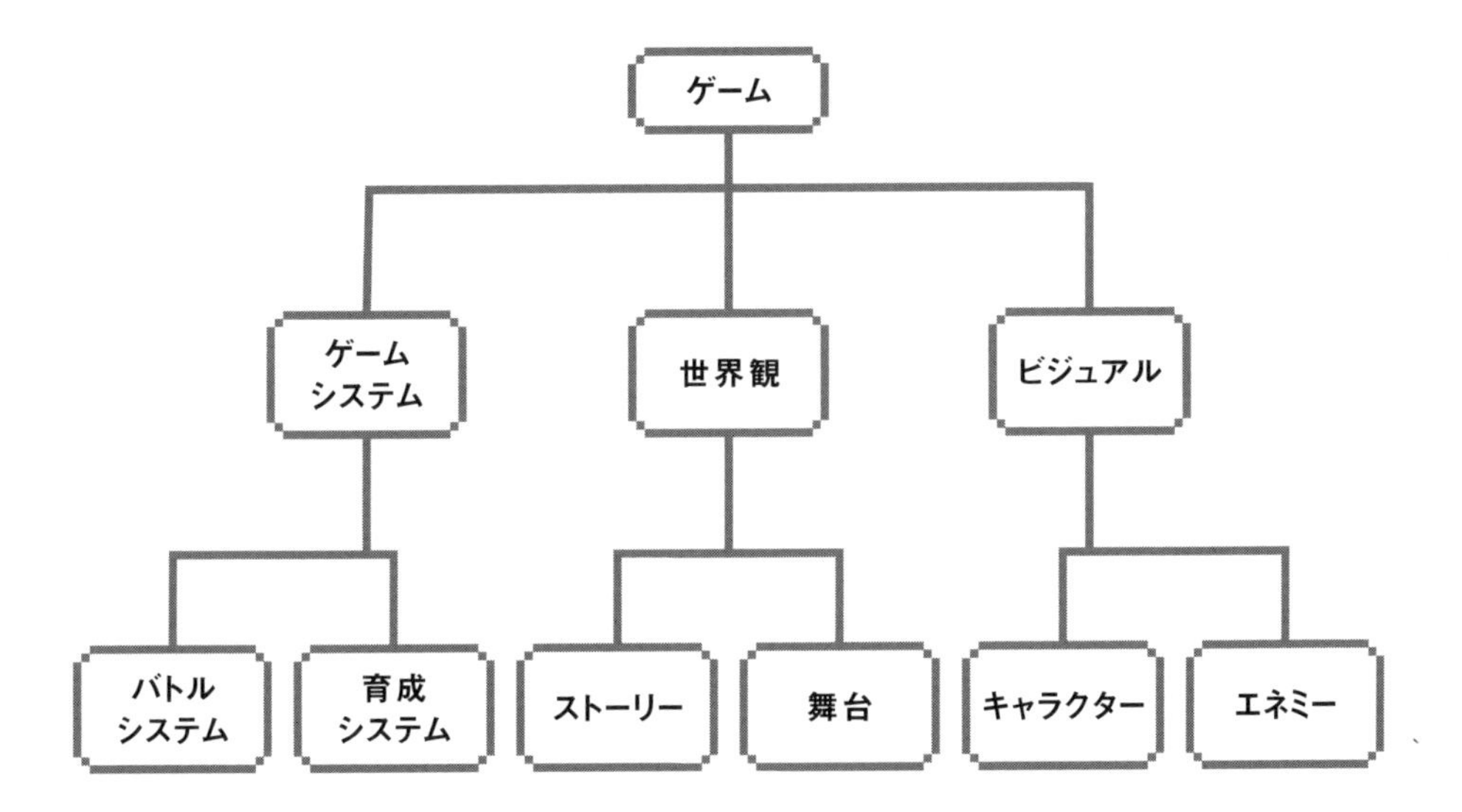

ゲーム全体のゴールとは、階層構造の最上段に対して設定するものです。例えば、ここでは「**世界一怖いゲームを目指すこと**」を、ゲーム全体の達成目標として掲げたとしましょう。すると、図に対してゴールはこのように設定されます。

ゲーム全体のゴールを設定しましたが、ゴールの設定はここで終わりではありません。ハイレベルゴールをゲーム全体の方針として浸透させていくために、下の階層に対しても適用していきます。

ハイレベルゴールとは、このように階層構造の頂点に掲げた目標を、階層を構成する各要素にまで適用させることで、ゲーム全体の指針として浸透させていくやり方です。

「ゲーム」→「ゲームシステム」→「バトルシステム」

という階層構造に対し、

「世界一怖いゲーム」→「世界一怖いゲームシステム」→「世界一怖いバトルシステム」

と、階層の上位と共通の目標を掲げることで、ゲーム全体で目標の達成を図っていくのです。

このように、ハイレベルゴールという考え方を用いれば、ゲーム全体を構成する要素それぞれでどんなことを目標にしていけばよいかまで含め、ゴールを設定できます。

ハイレベルゴールの設定

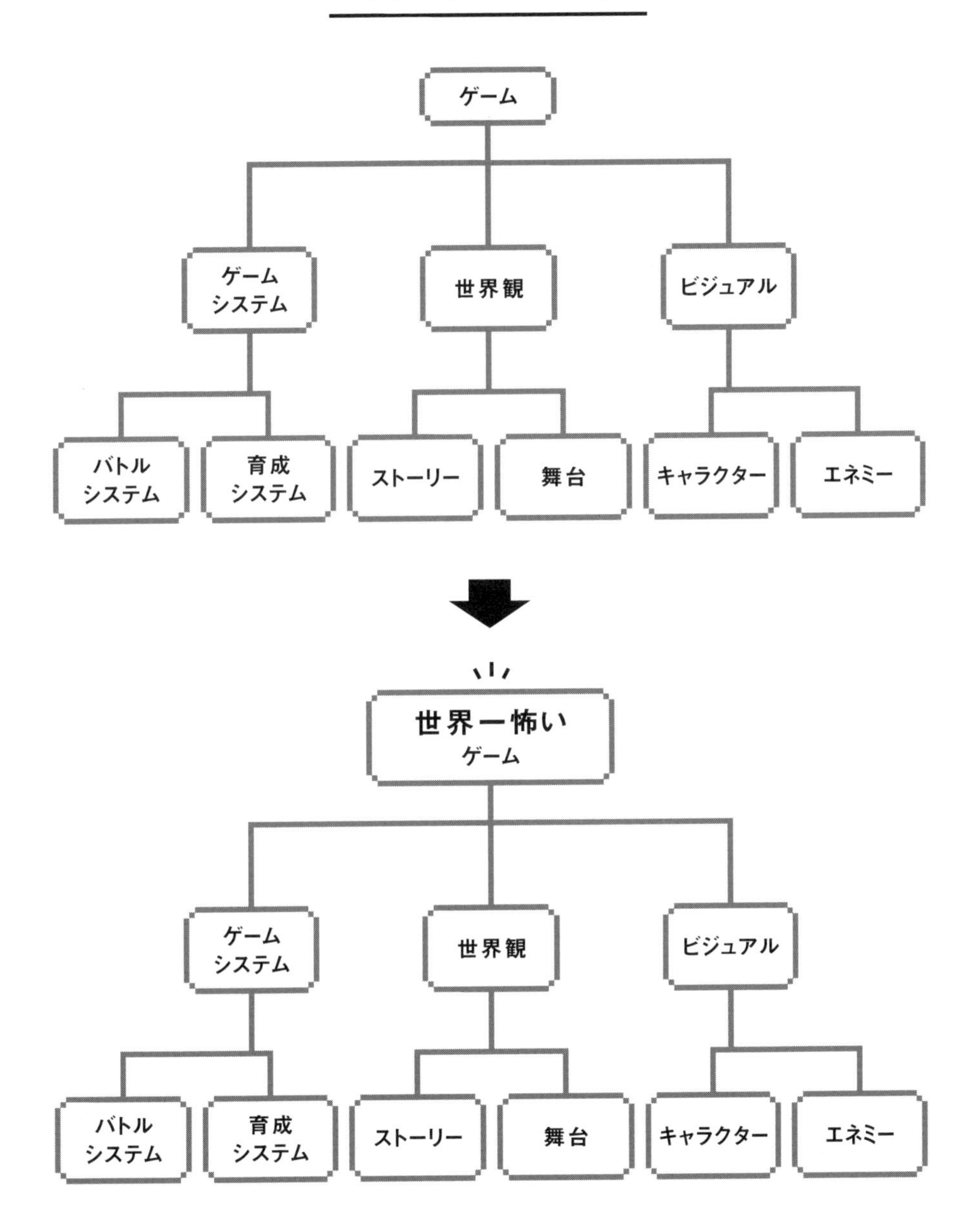

ハイレベルゴールの適用

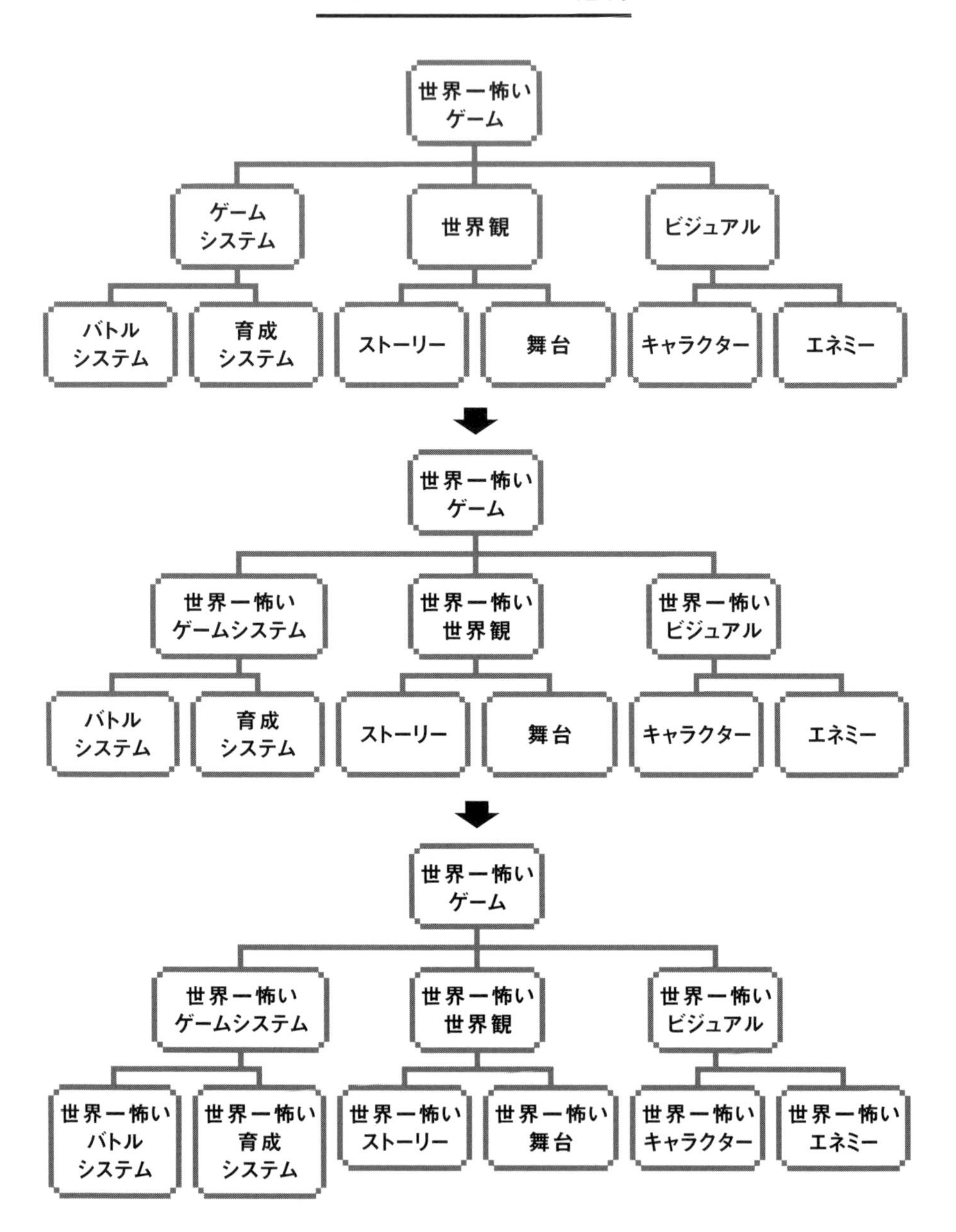

ゴールの言葉を洗練させる

ゴールは定めたらそこで終わり、というものではありません。やらなければならない大事なことがあります。

それは、ゴールとして掲げる言葉を洗練させることです。**ゴールとして設定した達成目標を、簡潔で適切なフレーズに落とし込む**必要があります。

ゲームの開発期間中ずっと、ゴールはチームメンバーにとっての最重要指針であり続けます。最初に掲げればそれで終わりではなく、開発の過程において、全員が繰り返し立ち返り続けるものです。

ゲーム開発には、職種や文化の異なる多様なメンバーが携わることが当たり前です。そうしたチームメンバー全員に対し、相手を選ばずゴールを理解させ浸透させる必要があります。

ですので、難しい言い回しや、理解するのに専門知識を必要とするような用語は不適切です。

ゴールの言葉を洗練させる際には、「中学生の知識でも理解できる言葉を使うこと」「声に出しやすい、短いフレーズにまとめること」「どこかしら強く記憶に残る単語を選ぶこと」といったことを心がけると、浸透しやすい文言に落とし込めます。

ゴールとは、全員にとっての指針です。指針の言葉が曖昧では、それによってチームメンバーそれぞれで解釈が分かれていき、ぶれた解釈から生まれるデータやアイデアは一貫性を欠いてしまいます。

こうした事態を避けるためにも、ゴールには、チームメンバーへの**メッセージとしてのわかりやすさが不可欠**です。

守り抜くに値するゴールを定める

ゴールは実際に運用してはじめて意味を持つ

ゴールの重要性と、ゴールの定めるやり方を紹介してきました。ゴールに関しては、特にゲームデザイナーにとって大切なことがもうひとつあります。

それは、定めたゴールをゲームの開発のなかで、**実際に運用すること**です。

ゴールは、開発に携わる全員が目標としての共通認識を持ち、あらゆる意思決定においての判断基準として、実際に機能させていく必要があります。

ゴールを定め、伝えただけでは、なんの役にも立ちません。実際に運用されてはじめて、真価を発揮します。

ゲームデザイナーが率先してゴールを運用する

開発チームがゴールを実際に運用していくためには、まずゲームデザイナー自身が率先して運用していくことが大事です。

ゲームデザイナー自身がゴールを無視したり逸脱したりしているようでは、チームメンバーにそれを指針として掲げてもらうことは難しいでしょう。ですので、ゲームデザイナーがなにかを行うときには、ゴールに基づいての判断、アイデア、会話などを徹底していく必要があります。

ゴールに基づいて開発を進めていくということがどのような状態なのかを、**ゲームデザイナーがみずから体現してチームメンバーに示す**のです。

ゴールをチームメンバーへ浸透させる

チームメンバーがゴールを基準に開発を行っていける状況を作るためには、ゴールをしっかり浸透させきることが必要です。

多くの人は、一度言われた程度の話を覚えてはいられません。

また、最初は理解し共感してくれたとしても、実際に手を動かしていくなかで、時とともに忘れてしまう場合もあります。

忙しくなると作業上の都合が優先され、気づけばゴールが置き去りなることは当たり前です。それに加え、ゲーム開発の過程では、プロジェクトの途中で新しい人が加わったり、担当者が変更になったりすることも日常茶飯事です。

ゴールを**きちんと浸透させるところまでが、ゲームデザイナーの仕事**です。そこは一朝一夕でどうにかなるものでもないため、みずからが体現し続けるほか、繰り返し伝え、視界に入るようにも工夫し、少しずつ根気強く浸透させていく必要があります。

ゴールの間違いと向き合うときも訪れる

意思決定の指針としてゴールを掲げ、それをチームメンバーに浸透し、全体で一貫性を持って開発を進めていければ、ゲームデザイナーにとって理想的な状況が実現できたといえます。

そんな中、一度定めたゴールがあとになって間違いだったことに気づく場合があります。開発がある程度進んだあとに判明するのです。

本来はそうならないよう、ゴールを定める段階で熟考し、考察を重ね、間違いが起きないようにします。ですがそれでも、誰も気づけなかった問題がやってみてはじめて見つかったり、自分たちの手ではどうしようもない外的要因によってプロジェクトの前提条件が変わってしまったりした結果、ゴールと現実がずれ始める場合があります。

ほかにも、ゴールを信じて進めてきたものの、残念ながらこのまま進み続けてもゲームがおもしろくなりそうにないという悲しい現実に気づいてしまう場面も出てきます。

このように、あとになってゴールが間違っていると判明した場合、どうすればよいでしょう？

その場合、**ゴールとして掲げてきた方針を撤回する決断を下すこともときには必要**です。

そうした決断を行うことで、当然ですが数多くのやり直しが発生し、その結果チームメンバーは疲弊し、ゲームデザイナー自身の信頼度も低下し、チームメンバーとの関係性悪化を伴う可能性も出てくるでしょう。

ゴールの見直しは、開発現場での前提を覆す、重大で深刻な事態です。ゲームデザイナーにとって辛い事態といえるでしょう。しかし、だからといって、このまま進んでもおもしろいゲームにはなりえないとわかっているゴールを守り続けることは、そこから先に待ち受けるであろう、より深刻な被害を放置することにもつながりかねません。

ゲームデザイナーは、ゴールの間違いに気づいたときには、それがたとえどんな状況であっても、痛みを伴う勇気ある決断を行う覚悟を持っておく必要があります。

最後まで信じ抜くに値するゴールを定める

ゲームデザインにとって、ゴールは最も重要な要素です。

ゴールはゲーム開発において多くの人やモノに影響を及ぼします。

その重さに見合うためにも、ゲームデザイナーには、チームメンバー全員が身を委ね信じ抜くに値する、確信を伴ったゴールを定めることが求められます。

ゴールを定める際には、考えに考え抜いたうえで、決断を下しましょう。

POINT

1. ゲームデザインは、ゴールを決めることから始める
2. ゴールは、あらゆる意思決定の際の最重要指針と位置づける
3. ゴールに、正解も不正解もない
4. ゴールは、ゲームを階層構造で捉えて設定する
5. ゴールに掲げる言葉を、洗練させる
6. ゲームデザイナーが、ゴールを繰り返して浸透させていく
7. ゴールの間違いに気づいたら、勇気を持ってゴールを見直す

「アイデア出し」の確実性を引き上げる

”ゴールに向けたアイデア同士なら、化学変化で爆発力が生まれる“

アイデアは必ずゴールに向ける

ゴールに貢献しないアイデアに価値はない

ゲームデザイナーがゲーム開発を進めていくうえで、なにをするにしても具体的なアイデアを考える場面が訪れます。

ゲームデザインにおけるアイデア出しにおいて、必ず守らなければならないことがあります。それは、**ゴールに向かってアイデアを出す**ことです。

前節**『「ゴール設定」からすべては始まる』**（▼P090）でも説明しましたが、アイデアとは、あくまでゴールを達成するための手段という位置づけにすぎません。

たとえそれがどれほど素晴らしいアイデアだったとしても、ゴール達成に貢献しないアイデアに価値はありません。それどころか素晴らしいアイデアが、ゴールに貢献していないせいで、ときにマイナスに作用することすらあります。

ゲームデザイナー自身がこのことを理解し、徹底して意識していくことが、ゲーム開発における大前提です。

ゲーム開発の過程では、ゲームデザイナー以外のチームメンバーからさまざまなアイデアの提案がなされます。たとえ誰がアイデアを考えたとしても、そのアイデアの良し悪しの判断は、まずゴールに貢献できるかを基準にする必要があります。というのも、ゲーム開発中に出てくるアイデアには、ゴールに貢献するものとしないものとが常に混在することになるからです。たとえチームメンバー全員がゴール達成を強く意識しアイデアを出したとしても、ゴールに貢献するアイデアのみを出し続けるのは現実として難しいです。

ゴールに貢献するアイデアとはどのようなものなのか。それを知るうえで、そもそもゴールに貢献しないアイデアとはどのようなものなのかから説明します。

ゴールに貢献しないアイデアは、確実にリスクをもたらす

アイデアがゴールに貢献しないものかどうかは、簡単に見分けられます。

そのアイデアがどのようにゴール達成に貢献できるか、論理的な説明を考えるようにします。説明できないということは、単純にゴールに貢献できる理由がない場合がほとんどです。

『ゲームを階層構造で捉え、ゴールを決める』（▼P094）で例としてあげた「世界一怖いゲーム」というゴールを例に、ゴールに貢献しないアイデアを実際に形にしてみましょう。

ゴールに貢献しないアイデア

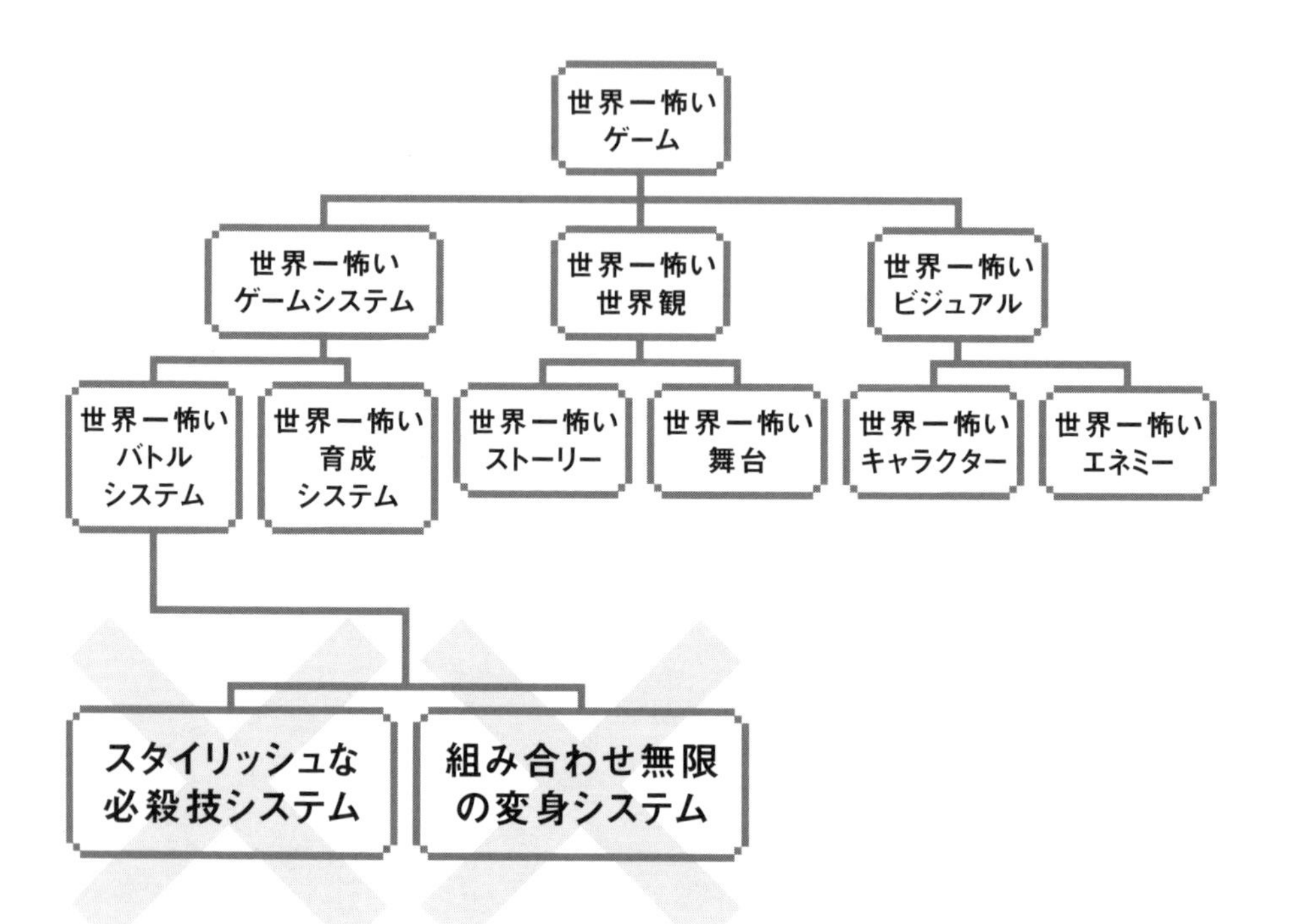

「世界一怖いゲーム」→「世界一怖いゲームシステム」→「世界一怖いバトルシステム」

というゴールに対し、ゲームシステムの具体提案として次のようなアイデアが出てきました。

- **「スタイリッシュな必殺技システム」**
- **「組み合わせ無限の変身システム」**

これらのアイデアは、「世界一怖い」を達成するうえで、はたしてなにがどのように貢献できるのでしょうか?

どちらも貢献度が低そうなことは、誰の目からも一目瞭然でしょう。

「こんな的はずれなアイデア、実際に誰も出すわけはないよ」と思うかもしれませんが、実際の開発現場で、こうした提案が行われてしまっているのが現実です。ゴールを十分に意識しないアイデア出しが行われた結果、起こってしまうのです。

ゲーム開発では、小さなアイデアひとつとっても、それを実現するために時間やお金といったリソースが必要です。開発期間や開発費といった**限りあるリソースを費やすに値するかどうかは、主にゴールへの貢献度合いを基準に判断**していきます。

ゲームは、何万点にもおよぶ膨大な要素を、最終的にある特定の方向に向けて組み上げ、仕上げていくことでひとつの作品としての体をなします。

『「ゴール設定」からすべては始まる』(▼P090)で触れたことの繰り返しになりますが、ゴールに貢献しないアイデアというものは、それがどれほど画期的で素晴らしいアイデアだったとしても、**全体の調和を乱すノイズ**になりかねません。ノイズが混入することは、プレイヤーが遊んだ際の違和感や混乱にもつながります。

とはいえ、ゴールに貢献しないアイデアを絶対に入れてはならない、というわけではありません。全体の調和を乱すリスクを伴う、扱いの難しいものだと認識したうえで、あえて例外的に盛り込むことも選択肢として十分ありえます。

ゲームに貢献するアイデアは、ときに化学変化をもたらす

ゴールに貢献しないアイデアについて説明したところで、本題である、ゴールに貢献するアイデアとはどのようなものかを説明していきます。

『ゲームを階層構造で捉え、ゴールを決める』（▼P094）で例としてあげた「世界一怖いゲーム」というゴールを例に、ゴールに貢献するアイデアを考えるとこのようになります。

「世界一怖いゲーム」→「世界一怖いゲームシステム」→「世界一怖いバトルシステム」

というゴールに対し、ゲームシステムの具体提案として次のようなアイデアが出てきました。

ゴールに貢献するアイデア

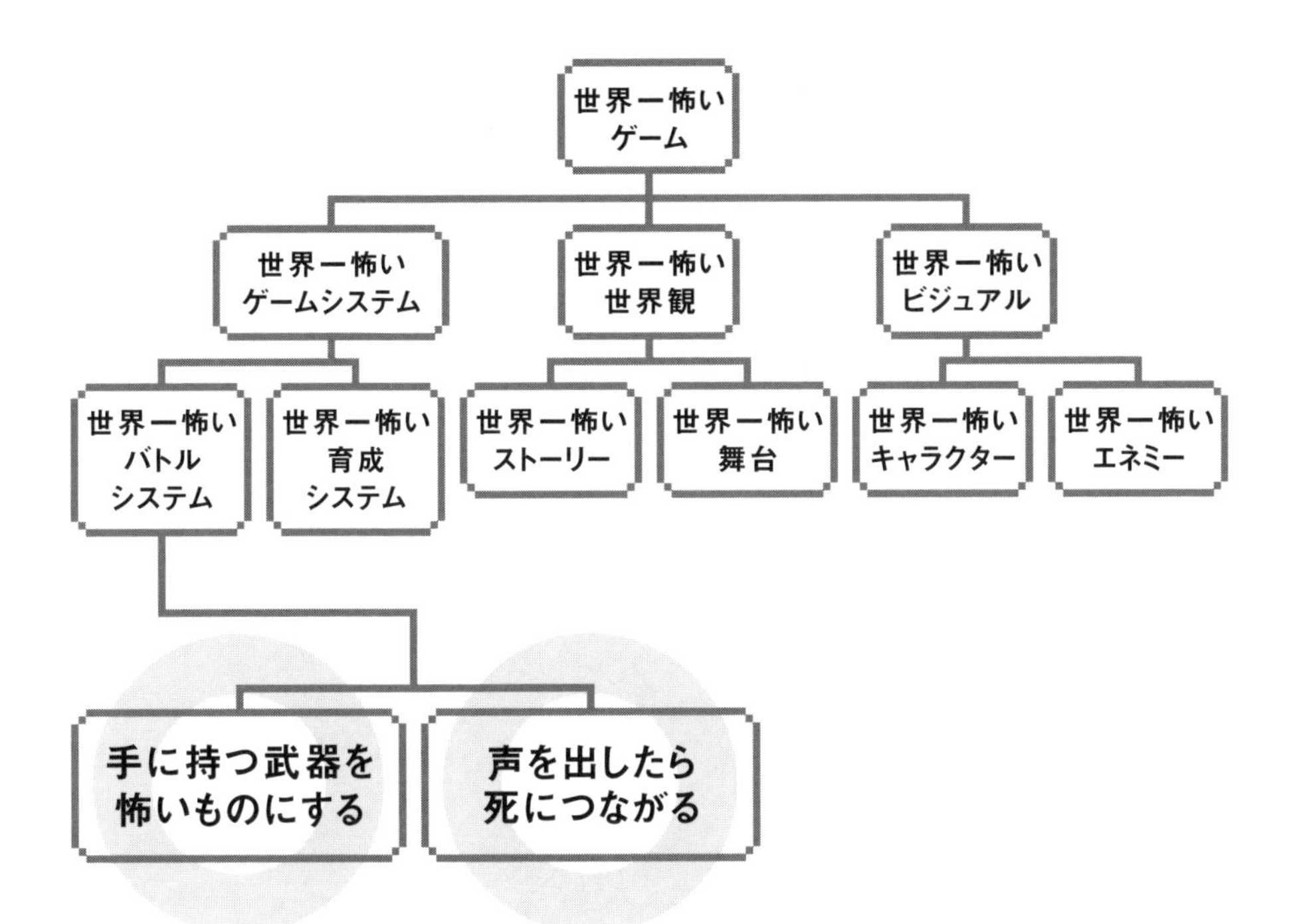

・「手に持つ武器を怖いものにする」
・「声を出したら死につながる」

はたしてこれらのアイデアは、「世界一怖い」を達成するうえで、なにがどのように貢献できるのでしょうか？

キャラクターが常備する武器を怖いものにすることで、ゲーム画面上に常に怖いものを映すことができるようになり、ゲーム画面を見ただけで怖いゲームという印象を作ることに貢献できます。ゲーム内のプレイヤーキャラクターが声を出してしまうような「痛み」「驚き」「呼吸の乱れ」といった場面は、ゲームとしても「ダメージ」や「スタミナ切れ」などネガティブな要素であり、ネガティブな要素同士を死と結びつけることでその意味合いをより強くし、それによりバトルの緊張感を増幅させ恐怖を演出します。

これらはあくまで一例ですが、**ゴールに基づいて出しているアイデアであれば、それがどのようにゴールに貢献できるか、明確な答えを自分なりに持てるようになります。**

アイデアを考えるとき、そして、採用の可否を判断するとき、ゲームデザイナーには常にゴールに貢献するかどうかを基準に考えることが求められます。

ゴールという同じ方向に向けたアイデア同士は、ときにその組み合わせが足し算から掛け算となり、より効果的なアイデアへと化学変化を起こす場合があります。

先ほどの「世界一怖いバトルシステム」のゴールに貢献するアイデアでいえば、「ある条件を満たすと、手に持つ武器が突然人の声をあげ暴れだし、敵を呼び寄せてしまう。それを防ぐためには、武器を使いすぎず休ませながら慎重にプレイする必要がある」といったように、アイデア同士を組み合わせることで新たなアイデアを生み出すことも可能です。

もしゲームを構成するアイデアすべてを、ゴールに貢献するものだけで構成できたなら、ものすごい爆発力を秘めたゲームを作り上げられるでしょう。**ゲームのいたるところで化学変化を起こす**ためにも、ゲームデザイナー自身がゴールを徹底するだけにとどまらず、チームメンバー全体にまでゴールを浸透させ、全員の共通認識としておくことが重要です。

アイデア出しに必要な「前提条件」と「方向性」を明確化する

ゴールに向けたアイデア出しに特化したやり方

ここまで、ゴールに貢献するアイデアの重要性を説明してきました。

ここからは、どうやってゴールに向かったアイデアを出していけばよいか、その具体的なやり方を紹介していきます。

ゲームデザインに限らず、アイデアを出すという行為そのものに決まったやり方はありません。ただ漠然となにかを考えるだけでも、始められます。

また、書籍などで紹介されているアイデア出しの既存の技法として、アイデアを集団で考えるブレインストーミングや、「マインドマップ」や「マンダラート」といった考えを図式化するツールを用いたアイデア出しなどさまざまなやり方が存在します。

それらは広く普及している技法であり、アイデアを出すという行為に対して有益ですので、そうした技法を活用してみるのもよいでしょう。その一方で、**既存のやり方は必ずしも、ゴールに向かってアイデアを出すのに効果的なものばかりではありません。**

ここでは、ゴールに向けたアイデア出しに特化したやり方を紹介していきます。それは、アイデアを実際に考え始める前に次の2つの明確化から行うやり方です。

・前提条件の明確化
・方向性の明確化

「前提条件の明確化」で、アイデアの許容範囲を把握する

「前提条件の明確化」とは、アイデア出しを行う前の段階でまず、ゴール以外に達成しなければならないことを明らかにする作業です。

アイデアを考えるうえで、ゴールに貢献することは最重要です。

一方でゴール以外にも、「開発期間」「開発予算」「プロジェクトに採用できる人員の数」「対象ゲーム機にあわせた技術的な制約」「倫理面でのルール」など、さまざまな前提条件も同時にクリアする必要があります。なぜなら、こうした前提条件をクリアしていないアイデアは、たとえそれがどれほどゴールに貢献するものであっても、実現性の懸念や課題によって形にならない場合が多くあるからです。

ゴールに貢献する素晴らしいアイデアを考えたにもかかわらず、そうした状況によって実現できないのはもったいないことです。これを回避するためには、ゴールに対し、**どの範囲のアイデアであれば実現性を担保できるかを、アイデアを考えるより前の段階で明確にしていきます。**

範囲を明確にするためには、クリアしなければならない前提条件を、片っ端から洗い出していく必要があります。

洗い出しを行うことで、やってはならないことと、やらなければならないことが徐々に明確になり、外堀が埋まっていきます。アイデアが着地可能な範囲を、事前にある程度絞り込めるのです。

こうして前提条件の明確化を行うことにより、外さないアイデアを導き出しやすくなります。

「方向性の明確化」で、アイデアは大枠から考える

「方向性の明確化」とは、アイデア出しを行う前の段階で、これから出そうとするアイデアが向かう大まかな方向を先に考える作業です。いいかえれば、具体的なアイデアから考えるのではなく、まずざっくりとした「アイデアの切り口」から考えるやり方です。

アイデアを出す際に、まずアイデアの大枠の方向性だけを先に考え、方向性が定まったあとに実際の具体的なアイデアを考えていく、という2つの工程に分けます。

例えば、「新しいホラーゲームを生み出す」がゲームの目指すゴールとして定められていたとします。その場合、いきなりホラーゲームの具体的なアイデアを考え始めるのではなく、まず大枠の方向性だけを先に考えます。例えば、「ジャパニーズホラーの新境地を目指そう」「ゾンビものの新しいアプローチを考えてみよう」といったような、ざっくりとした切り口から決めていきます。

このやり方には、主に2つの利点があります。

ひとつは、アイデアの方向性の段階で、これから出していくアイデアが実際にゴールにたどり着けるものになりそうかどうかをある程度判断できることです。

「**新しいホラーゲームを生み出す**」の場合では、ざっくりとした方向性の時点で十分な新しさがなければ、その先細かい部分をどれだけ考えても、おそらく新しさを生み出していくのは難しいでしょう。

逆に方向性の時点で新しさを担保してしまえば、その先新しさの有無について考えることなく、アイデアの細部に意識を集中して考えていくことができます。

もうひとつの利点は、ゴールを意識しすぎない効果がもたらされることです。ゴールに貢献しようと意識しすぎるあまり、発想を縛りすぎてアイデアがこじんまりしてしまう場合があります。ゴール達成に貢献するアイデアは必要ですが、一方で、いくらゴールに貢献するからといってもアイデアがおもしろくないものになってしまっては本末転倒です。

それを防ぐためには、**ゴールは意識すれども直視しすぎないことが大事**です。そのためにも、まず大枠の方向性の段階でゴールのことを十分に考え、その後ゴールからいったん意識を離してアイデアの詳細を考えていきます。こうすることで、ゴールを守りつつ、発想の自由さも担保します。

前提条件と方向性。この2点を、アイデア出しより前の段階で明確にしておくことで、ゴールに貢献する具体的なアイデアを生み出すためのお膳立てが整います。

ここまで準備ができたら、あとは実際にアイデアを考えていく段階へと進んでいくだけです。

「前提条件」と「方向性」を活かして、ゴールに向けたアイデアを出す

前提条件と方向性の交わる場所で、アイデアを探す

ゴールに向かってアイデアを出すための前準備として、まず前提条件と方向性を明確化します。そこまで準備が整ったら、ここでようやく具体的にアイデアを考えていく段階となります。ゴールに貢献するアイデアはどのように考えていけばよいのでしょうか？

これから紹介するのは、**前提条件と方向性の交わるポイント**に向けてアイデアを考える、というやり方です。このやり方を身につければ、アイデアは意識せずとも自然とゴールへ向かっていくようになります。

「新しいホラーゲームを生み出す」を例に、順を追ってやり方を説明していきます。

前提条件は、具体的に掘り下げる

まず、前提条件の明確化です。「新しいホラーゲームを生み出す」というゴールに対し、前提条件はなんなのかを具体的に掘り下げていきます。なお、ここでは話を簡潔に説明するため、ゲームの内容面に特化した話で説明していきます。

この例の場合、特に明確化しておきたいのは、「新しい」の部分です。少し考えただけでも、次のようにさまざまな切り口の「新しい」をあげられます。

- ゲームジャンルが新しい、ホラーゲーム
- テーマが新しい、ホラーゲーム
- ターゲットユーザーが新しい、ホラーゲーム
- デバイスが新しい、ホラーゲーム
- 操作が新しい、ホラーゲーム
- 主人公キャラが新しい、ホラーゲーム
- 登場する敵が新しい、ホラーゲーム
- ビジネスモデルが新しい、ホラーゲーム
- 自社にとって新しい、ホラーゲーム
- 日本ではまだ新しい、ホラーゲーム

そして、どの新しさを目指すか次第で、考えるべきことがまったく変わってきます。
例えば、「テーマ」の新しさであれば、既存のホラーゲームを調べ、どのようなテーマのタイトルがあるかを調べるところから始まります。「自社にとって」の新しさであれば、自社がこれまで発売したゲームを調べ、まだ手掛けていないゲームジャンルやプラットフォームから考えていくことになるでしょう。

こうした初手の方針を思い込みで決めつけ進めてしまうと、このあとどれだけ時間を費やしアイデアを出したとしても、そもそもの認識がずれているため、すべて無駄になってしまいます。ですので、**認識のずれを生まないよう、掘り下げられる限りのことを明確にしていきます。**

例えば、「登場する敵」の新しさが今回の前提条件として明確になったとしましょう。場合によっては、そこからさらにもっと掘り下げが必要な場合もあります。

「登場する敵が、どう新しければよいのか？」

といったようにです。どこまで掘り下げればよいのかに、明確なルールはありません。少なくとも、大きな手戻りが発生しないと思える粒度までは掘り下げるべきでしょう。

方向性から考え、アイデアの幅を広げる

前提条件が明確になったら、方向性の明確化を行います。

「登場する敵が新しい、ホラーゲーム」を例とした場合にやるべきことは、敵がどう新しいのかの、「ざっくりとしたアイデア」を考えることです。この「ざっくりとした」が重要です。いきなり具体的でピンポイントなアイデアは考えず、大まかなところを考えていきます。それぞれの違いを例で表すと、次のようになります。

■ピンポイントなアイデア

・昆虫
・怪鳥
・狼男

■ざっくりとしたアイデア

・題材で新しさを感じさせる敵
・ビジュアルの見せ方で新しさを感じさせる敵
・舞台との組み合わせに新しさを感じさせる敵

ピンポイントなアイデアでは、個別の具体案をあげていっているのに対し、ざっくりとしたアイ

デアでは、まず**ゴールに対してどのようにアプローチするか**から考え始めています。

このやり方によって、単に「新しい敵の種類を列挙する」という狭い範囲でのアイデア出しにとどまらず、「どうやったら〝新しい敵〟をプレイヤーに感じさせることができるのか？」といった部分にまで発想を広げて、よりよいアイデアを考えていけるのです。

アイデアは、方向性に対して掘り下げる

ここからようやく具体的なアイデアを考えていきます。

アイデアの方向性の例として、「**舞台との組み合わせに新しさを感じさせる敵**」を採用したと仮定して、アイデア出しの様子をみていきましょう。

具体的には、新しさを感じさせる敵と舞台の組み合わせから考えるために、敵と舞台それぞれをわけて考えていきます。

■敵のアイデア：舞台との組み合わせで新しくなる、ホラーゲームらしい敵を考える

- ゾンビ
- 悪霊
- エイリアン

■舞台のアイデア：ホラーゲームとしての新しさが感じられる、舞台を考える
・江戸時代を舞台にしたホラーゲーム
・海を舞台にしたホラーゲーム
・SNSを舞台にしたホラーゲーム

それぞれアイデアを出したら、それらを組み合わせていきます。

ここでは、「海を舞台にした、ゾンビホラーゲーム」を採用したとします。はたしてゾンビは、どのように海を泳ぐのでしょうか？　サメやクジラがゾンビになったら、いったいどのような変容をとげるのでしょうか？　小魚ゾンビを餌として食べた海鳥にはどんな影響が生じるでしょうか？　こうして考えていくだけでも、たくさんの新たなゾンビ像をアイデアとして生み出していけそうなことが、わかるのではないかと思います。

「新しいホラーゲーム」というゴールのもと、「敵の種類が新しいホラーゲーム」という前提条件から、「新しい敵の種類のアイデア」ではなく、「どのようなアプローチで新しさを生み出すか」からを考えていき、アイデア出しまで行いました。

ただいきなり具体的なアイデアから考え始めるのではなく、こうして**段階を踏んで考えていくことで、ゴールというある種の制約を満たしつつも、柔軟な発想を持ってアイデアを出していけます。**

前提条件と方向性をうまく活かすことで、少なくともゴールに向けて外してはいないアイデアに確実につなげられます。

考えるうえでのとっかかりが、アイデア出しの効率を高める

ここで紹介したのは、あくまでアイデアを出すうえでのひとつのやり方です。

ほかのやり方で行う場合でも、意識しておいてほしいことがあります。

アイデアを考えるとき、自由になんでも考えてよいといわれると、とっかかりがなさすぎて意外と考えづらい場合があります。

なんらかのとっかかりを決め、それをもとに具体的なアイデアを考えていくことで、ただ漠然とアイデアを考え始めるよりも、はるかに効率よくアイデア出しを行うことができます。

アイデアがゴールに貢献するのは、あくまで〝必要条件〟

アイデアがゴールに貢献するのは、あくまで必要条件です。

当然ですが、アイデアの**最終的な価値は、おもしろさで決まります。**

アイデアを出す前段階で、ゴール、前提条件、大枠の方向性などの整理を済ませてしまえば、あとはどれだけおもしろいアイデアを出せるかに専念できます。

ここで紹介したやり方は、ゴールを達成するだけでなく、いかに効率よくおもしろいアイデアを考える作業に集中できるようにするための、やり方でもあります。

POINT

1 アイデア出しは、必ずゴールに向かって行う

2 ゴール達成に貢献しないアイデアに、価値はない

3 「前提条件の明確化」で、アイデアの許容範囲を把握する

4 「方向性の明確化」で、アイデアは方針レベルから考えていく

5 「期待値」と「方向性」の交わるポイントへ、アイデアを出す

6 とっかかりがあることで、アイデア出しの効率は高まる

7 アイデアの最終的な価値は、おもしろさで決まる

「発注」で想定以上の成果を引き出す

”チームメンバーが人生の時間を費やす価値のある、丁寧な発注に徹する“

発注によってチームを動かす

ゲームデザイナーはチームを動かす役割を担う

ゲーム開発を前へ進めるためには、開発チームを動かしていく必要があります。チームを動かす役割を担っているのが、ゲームデザイナーです。

そして、ゲームデザイナーがチームを動かす際にまず行うのが、発注という作業です。発注とはどういうことなのかを説明する前に、そもそも、チームを動かすとはどういうことなのかから説明します。

ゲームデザイナーからの発注を受けてチームは動き出す

開発チームの面々は、それぞれが会社員あるいはフリーランスの立場で、成果に対してお金を受け取るプロとして携わっています。

プロである以上、わざわざ誰かに動かされなくても、自発的に動いて当然のようにも思えます。ですが、**実際問題としてチームメンバーの多くは、受け身の状態**でいます。

ただし、受け身だからといって、なにもモチベーションが低いわけではありません。開発工程の順番や役割の関係上、そうなりがちな関係にあるというだけのことです。

というのも、プログラマーやグラフィックデザイナーらゲーム開発に携わるメンバーの多くは、なんらかの依頼に基づいてなにかを作り上げる専門家たちです。誰かになにかを依頼されてから、それを実現するために動くことがほとんどとなるため、そういう意味で受け身が基本となります。

そんな彼らに対し、なにを作るか依頼するのがゲームデザイナーの役割です。チームを動かすとは、発注という依頼によって、専門家たちが力をふるえる状況へと開発を進めていくことを意味します。

チームを動かす発注者が、偉いわけではない

発注という工程を理解するうえで、勘違いしないでほしいことがひとつあります。

発注者は、決して偉くはないということです。

発注者であるゲームデザイナーは、開発工程の上流に位置する機会が多くあります。ただそれはあくまでそういう役割というだけで、上流工程にいるからといって、下流工程に携わる人たちより

も偉いといったことは決してありません。

発注とは、指示や命令するものではなく、どちらかというとお願いする感覚に近いものです。

ゲームデザイナーだから偉いなどといったこともまったくなく、一方で、その役割に課せられる責任は重大です。ゲームのおもしろさを左右するのはもちろんのこと、発注によって予算や人員などさまざまなリソースが費やされます。さらにいうと、開発に携わる多くの人がゲームデザイナーの発注による仕事を通じて、**その作業に自分の人生の時間を割いていく**わけです。

ゲームデザイナーはそうしたことを肝に銘じ、発注のひとつひとつを丁寧に扱っていく必要があります。

チームを動かすというのは、開発チームに集まった専門家たちそれぞれが、力をふるえる状況を作り出し、ゲーム開発を前へ推し進めていくことです。裏を返せば、発注が滞れば、ゲーム開発は前に進まなくなります。それだけ、ゲームデザイナーが担う発注という工程は重要な意味を持ちます。

「要件」と「裁量」で、ゲームデザイナーの想像を超える発注を目指す

ゲームデザイナーの想像を上回る結果を引き出す

発注という言葉のイメージからは、相手に作ってほしいものを具体的にお願いすることを想像するかもしれません。

例えば、「ダンジョンの入り口に、人が通れる金の扉をつけたいのでデザインの制作をお願いします」「主人公キャラクターの攻撃技を1種類増やしたいので、縦斬りを追加してください」といった、具体的になにかをお願いするような依頼です。

これは一見すると正しいように思えますが、実はこうしたやり方には良し悪しがあります。

発注が具体的であればあるほど、発注を受ける専門家たちの力を最大限に発揮させづらくなるのです。発注に具体性は必要ですが、一方でただやることだけを伝えても、伝えた以上のものが生まれてこなくなります。伝えた以上のものが生まれないということは、つまりゲームデザイナー自身

で考えられる範囲が、出来上がってくるものの限界となってしまうことを意味します。

専門家たちの力を存分に引き出すためにも、**ゲームデザイナー自身で想像できる以上のものを実現する発注のやり方**が重要です。それは、発注の「要件」と「裁量」を定義するやり方です。

「要件」を通じて、必ず守ってほしいことは事前に伝える

発注の「要件」を定義するとは、発注内容のなかで「必ず守ってほしいこと」を事前に定めることです。

例えば「扉を作ってほしい」という発注を行うとしましょう。その場合、この発注内容には「扉の材質はどうすればよいのか?」「扉は引き戸か、開き戸か、どのような形状なのか?」「そもそも扉ではなく、出入り口であることさえわかればよいのか?」といったように、さまざまな解釈の余地があります。

要件の定義が曖昧なまま発注が行われた場合、依頼を受けた作業担当者が良かれと思ってやったことが、実は最初からNGの内容だったなどということが起こりえます。トライアンドエラーが増えれば増えるほど、そのぶん貴重な開発リソースを費やすことになります。そうならないためにも、発注の際にはあらかじめ守ってほしいこと、つまり**変えてはいけないことを明確にしておく**ことが望ましいです。

先ほどの「扉を作ってほしい」という発注でいえば、「ゲームの仕様上、サイズはプレイヤーキャ

ラクターが通れるギリギリの大きさでお願いします。見た目は、動かせないほかの扉と間違えないよう、ぱっとみで差別化されているようにしたいです。形状としては扉を開け締めした際に扉がプレイヤーキャラクターにぶつからないようする必要があります」といったように、守るべきことをできる限り事前に明確にしてから発注します。

「裁量」を通じて、自由に変えていいことを事前に伝える

発注の「裁量」を定義するとは、「自由に変えていいこと」を事前に定めることです。簡単に言ってしまうと、要件にて守るべきこととしてあげられていない部分は、原則すべて自由に変えていいと定義したと同義です。ですので、要件以外の部分は、作業担当者の裁量に委ねて進めていくことになります。

そうして委ねられた部分こそ、それぞれの専門家の持つ力が発揮されていくところです。委ねるといっても、ゲームデザイナー側がなにも決めなければ、それだけで自動的にことが進むかというとそうではありません。ただ決めないだけでなく、相手の力を引き出すような発注の仕方が求められます。

そのためには、作業担当者からのアイデアや提案が特に必要な部分に関して、「この部分とこの部分は、ゲームデザイナーの考えたものよりもっとよい案にしたいので、具体案を考えてほしいです」といったように、**あえて提案を期待するような発注**を行います。

「扉を作って欲しい」という発注でいえば、「サイズはプレイヤーキャラクターが通れるギリギリの大きさにしたいのですが、どんなデザインや形状にするかのアイデアはお任せします」といったようにです。

「発注要件として定義された部分以外は、すべて自由に考えてください」と言われても、それは範囲があまりに広すぎます。なんでも自由に考えてください、というのは考える方にとっては意外と難しいものだったりします。

重要な部分をあえて強調して裁量を伝えることで、よりよいアイデアを引き出せる可能性が高まります。

発注相手ごとに「要件」と「裁量」の定め具合を調整する

ゲームデザイナーは、発注時に要件と裁量を定義することによって、作業担当者の力を引き出していきます。これが、ゲームデザイナーがチームを動かすうえで効果的な発注のやり方です。なお、これはあくまでひとつのやり方にすぎません。

実際の開発現場においては、「なにをすればよいか可能な限りゲームデザイナー側で具体的に詳細を決めてくれないと動きづらい」「裁量は求めていないからしっかり作るものの定義を事前に決めきってほしい」といったやり方が好まれる場合もあります。そう言われている状況にもかかわらず、「裁量をあげるので考えてください」とゲームデザイナーがやってしまっては、無理が生じてしまいます。

つまり、作業担当者それぞれの性格や得意不得意も見極めながら、最適な発注のやり方をその都度考えていく必要があります。

ゲームデザイナーは、自身でなにかを作る仕事ではないため、いかにうまくチームを動かせるかどうかでその真価が問われます。ですので、**相手のパフォーマンスを最大限に引き出せる適切な発注の形**を、常に追い求め続けましょう。

発注にはさまざまなフォーマットが存在する

発注場面に応じて、適したフォーマットを使い分ける

発注を行ううえで大切なことをいくつか説明してきました。

ここからは、いよいよ具体的な発注のやり方に触れていきます。

ゲームデザイナーが行う発注にはさまざまなフォーマットが存在し、状況に応じて使い分けることになります。ここでは、代表的な発注フォーマットをいくつか紹介します。それぞれの利点やフォーマットをうまく使うためのポイントなどもあわせて紹介していきます。

発注フォーマット1　仕様書

発注のフォーマットとして最も一般的であり、ゲームデザイナーが扱う回数が最も多いのが、仕様書を用いた発注です。

仕様書では、ゲームデザイナーがやりたいことを、作り手目線での技術的な情報を中心に、どのように実現するかまで含め書類化します。

「この場所にこのような扉を設置したい」といった表面的で目に見える部分以外に、「扉のデータの構造をこのようにしてほしい」「扉を構成するデータのファイルをこのような形で分割したい」「扉の挙動に関して、この部分をあとから容易にバランス調整できるように、パラメータを設計しておいてほしい」といった、ゲームデザイナーの必要とする内部処理の詳細まで、やりたいことを事細かに仕様書に掲載していきます。

発注時に詳細まで記載するため、その後の開発過程で、**発注と実際にあがってくるものの齟齬が生じづらい**のが特徴です。

仕様書では、ときに技術的な話の詳細にも触れる必要があります。そのため、精度の高い仕様書

仕様書のイメージ

【漁師ゾンビ・バトル仕様】

はじめに

漁師ゾンビのバトル中での挙動に関する仕様書です。

処理構成

1 出現処理
2 戦闘開始処理
3 戦闘中処理
　Ⅰ 移動処理
　Ⅱ 攻撃処理
　Ⅲ ダメージ処理
　Ⅳ 死亡処理
4 消去処理

出現処理

出現判定

出現するしないの判定として、
以下の2種類の処理を配置ごとに使い分けます。

- 強制出現 .... イベントの終わりなどで、「すでにいる」状態で出現する
- 接近出現 ...... プレイヤーが範囲に近づいた際に出現する

配置情報

配置する座標は、以下の2種類の処理で設定します。

- 座標指定 .... データで設定した座標上に出現する
- ランダム出現 ... データで設定した特定範囲の中でランダムの座標を取得し、出現する

を作成するためには、発注内容に関してある程度の専門知識が必要となります。

発注フォーマット2　企画概要書

仕様書のようにどのように作るかの詳細までは触れずに、主に実現したいことだけを概要レベルで伝えるのが企画概要書です。

例えば「この場所にこのような扉を設置したい」をやりたいこととした場合、その扉をどのように作るべきかなどの詳細には触れず、あくまで扉を設置するというやりたいことに特化して発注します。

企画概要書は主に開発初期など、まだ決まっていないことが多数あり、各要素の詳細まで決めきれない状況において用いられます。

実現方法には触れず、やりたいことにフォーカスして発注するので、それが結果的にどのような形で**実際に仕上がってくるかの振れ幅が大きい発注方法**です。そうした特徴をあえて活かし、発注相手に大きく裁量を委ねたい場合や、実現方法にはこだわりを持つ必要がない場面などで用いることにも適しています。

企画概要書のイメージ

【漁師ゾンビ・企画概要】

概要

- 人型ゾンビの中でゲーム中最弱の存在です。
- ゲーム中最も多く敵として登場する予定で、
  印象としてゲームを代表する敵として扱われることになります。
- 全ゾンビの基準となる存在のため、もっとも標準的な行動、
  攻撃、思考で構成します。
- 特徴として、海面を高速で泳いで移動します。

処理構成

- 通常時は、立ち泳ぎのような状態で、
  海上に上半身を出しながら、漂っています。
- プレイヤーを発見すると、高速で接近を試みます。
- 高速移動時は、うめきと水しぶきをあげて上げながら接近します。

攻撃イメージ

- 噛みつき（小攻撃）
- 海中に引きずり込む（小攻撃）
- 海面から飛びかかる（大攻撃）

その他

- うつ伏せで海面に浮かんでいる状態で、登場する場合があります。
- プレイヤーが接近すると、突如動き出します。
- 倒されると、海中に沈んでいきます。

発注フォーマット3　発注リスト

『Microsoft Excel』や『Googleスプレッドシート』などで作成した表に、項目ごとの必要最低限の情報だけをリストとして記載し、やりたいこととその詳細情報を伝える発注方法です。

リストに項目として掲載できる情報量は限られているため、ある程度すでにフォーマットが決まっているものを**繰り返し発注し、量産する場面に適しています。**

扉をゲーム全体で10種類発注するのであれば、「番号」「サイズ」「開閉方式」「材質」「開閉動作の種類」「効果音の種類」といった発注に際して決めておきたい情報をリストの項目とし、各項目に発注内容を埋めていくことで10種類の扉を発注します。

発注リストを作成する際には、まずリストのフォーマットから決めます。その際には、必要最低限の項目にまで情報量を絞り込むことが大事で

発注リストのイメージ

ID	名前	性別	サイズ	タイプ	武器	移動	備考
em_010	漁師ゾンビA	男	M	ザコ	なし	歩行	
em_020	漁師ゾンビB	男	M	ザコ	投網	歩行	漁師ゾンビAの差分
em_030	漁師ゾンビC	男	M	ザコ	銛	歩行	漁師ゾンビAの差分
em_040	海女ゾンビ	女	M	ザコ	なし	歩行	
em_050	釣り人ゾンビ	男	M	ザコ	釣り竿	歩行	
em_060	鮫ゾンビ	なし	L	ボス	なし	歩行	
em_070	鯨ゾンビ	なし	LL	ボス	なし	歩行	
em_080	カモメゾンビ	なし	S	ザコ	なし	歩行	

す。繰り返し量産が必要なものともなれば、ときには数百から数千を超える膨大な数を取り扱うリストになってくるため、見落とし予防や把握のしやすさを意識する必要があります。

発注フォーマット4
コンテ

簡単な絵を描くなどの方法により、ある程度完成像を目に見える状態にして、やりたいことを伝えるやり方です。

代表的なものとしては、イラストと文字で構成する絵コンテや、簡易的な映像を作成するV（ブイ）コンテがあります。

扉の発注でいえば、どんな形の扉が必要なのか実際に扉の絵をゲームデザイナー自身で描いて伝えます。

絵を描くからといって、**うまい絵に仕上げる画力は重要ではありません。** 絵としては、線画や落

コンテのイメージ

攻撃前動作

目立たず身を潜めるようにして、
海上のプレイヤーへ忍び寄って
攻撃の準備に入ります

攻撃動作

プレイヤーの足を掴み、
海中へ引きずり込むようにして、
足に噛みつきます。

書きレベルの情報量でもかまいませんが、描いた絵を通じてやりたいことを的確に伝えられることが重要です。ですので、必要な情報を絵に盛り込む力が必要となります。

発注フォーマット5　リファレンス

世の中にある既存の作品から、発注したいことと類似するものを探し出し、それを参考としてあげることでやりたいことを伝えるやり方です。

扉の発注でいえば、既存のゲームや写真などから作りたい扉に見た目が近いものを探し出し、その画像を参考として用います。このやり方は、「イラスト」「映像」「ゲームシステム」「演出方法」「アートスタイル」「楽曲」など、なにを発注する場面においても使えます。

すでに現存している既存のものを使い、目に見える形で発注が行えるので、効率よく的確にやりたいことを伝えられるのが特徴です。

一方で、発注を受けた作業担当者がリファレンスに引っ張られすぎると、リファレンスそのままのものが出来上がってしまう場合があります。その場合、「パクリ」や「トレース」といった、権利問題などに後々発展する危険性も出てきます。そうした状況を回避するためにも、リファレンスを使って発注する場合は、ただ全体を参考として提示するのではなく、**どの部分が大事でどの部分を参考としたいのかを明確に**したうえでの発注が重要です。

発注フォーマット6 **サンプルデータ**

ゲームに実装される実際のデータに近いサンプルデータを、ゲームデザイナー自身が事前に作成して、やりたいことを伝えるやり方です。

例えば、パラメータ調整用のデータフォーマットをプログラマーに発注する際には、スプレッドシートなどを使って想定している書式をゲームデザイナー自身で作ってイメージを伝えます。背景マップを作成する場合では、3Dソフトを用いておおよその形状やサイズをゲームデザイナー自身が3Dモデルとして作成し、それをグラフィックデザイナーへ渡します。

実現したいものの最終形がゲームデザイナー自身のなかに明確にあり、**最終形に近いデータをゲームデザイナーが作成可能な環境にある場合に効果的**なやり方です。

データを作成するといっても、ゲームデザイナーが作るものはあくまでサンプルですので、そのままゲームに採用できるようなものではありません。サンプルデータの役割は、最終形のイメージをより正確に専門家へ伝えるための手段です。

発注フォーマット7 **ミーティング**

ミーティングを開催し、発注する相手に口頭でやりたいことを伝えるやり方です。

会話を通じて発注内容を伝えるため、**書類やデータだけでは伝わりづらい温度感や想いなどを発注に込められます。**

ミーティングは、属人的なやり方です。参加者それぞれが発注に関する話をどのように受け止め、解釈したかは、人それぞれです。ですので、誤解が生じていないか、生じていたら正すためにも、ミーティング後に認識を確認する必要があります。

また、会議に直接参加できなかったメンバーに対して情報の伝達が抜け落ちる場合もありますので、参加者以外への情報共有などのフォローが必要です。

属人的ゆえの弱点はありますが、会話で直接伝えられるというのは大きな強みです。ミーティングの弱点を補うためには、ミーティング用の資料や議事録など必ずなにか目に見える形での発注をセットにすることが重要です。参加できなかったメンバーのためには、ミーティングの様子を録画しておくことも有効です。

発注フォーマットの書式にルールはない

発注についていくつかのやり方を紹介しました。実際の発注の場面では作るものや状況に応じて、こうしたやり方を複数組み合わせて行う場合がほとんどです。

発注フォーマットそれぞれに、決められた書式はありません。大事なのは、そのときどきにあった最適な書式を毎回考えることです。作るゲーム内容やチームメンバーが変われば、それによって最適なやり方も毎回変わります。書式にあわせてなにかを発注するのではなく、やりたいことを適切に伝えるために必要な書式を考える、というやり方が正解です。

発注フォーマットに共通の書式はありませんが、どんな場面においても必ず守っておくべきことがひとつだけあります。

それは**必ず、「なんのために」を説明しておく**ことです。

依頼内容だけでなく、なぜその発注内容なのかまで相手に対し十分に説明できることが重要です。繰り返しになりますが、ゲームデザイナーは発注を通じてチームを動かします。なにかを行ううえで、それが必要な理由まで理解し納得した状態であればあるほど、作業担当者より力を発揮できるでしょう。

POINT

1 ゲームデザイナーは、発注を通じてチームメンバーを動かす
2 ゲームデザイナーが想像できる以上のものを、発注で引き出す
3 発注の「要件」は、事前に必ず定義する
4 発注の「裁量」は、あえて言葉にして伝える
5 「要件」と「裁量」の精度、発注相手のやりやすさにあわせて決める
6 発注の書式は、チームメンバーやゲーム内容にあわせて考える
7 発注する際には、なぜその発注内容なのか必ず理由を説明する

「実装」の要はコミュニケーション

"実装とは、ゲームデザイナーと実装担当者の共同作業である"

ゲームはゲームデザイナー以外の手で作られる

ゲームデザイナーの実装工程は、「コミュニケーション」と「判断」に集約される

実装とは、発注したデータやプログラムがゲームに組み込まれ形になっていく工程です。実装作業のほとんどは、プログラマーやグラフィックデザイナーなどゲームデザイナー以外の専門家たちの手によって進行します。

ですので、実装工程においてゲームデザイナーが行うことは、実作業以外が中心となります。具体的には、実装担当者との「コミュニケーション」と、実装されたものを確認し「判断」することの2つです。

ゲームデザイナーから率先して「コミュニケーション」をとっていく

実装工程での「コミュニケーション」では、発注内容に対する補足説明や、実装途中で生じた疑問の解消、実装した結果判明した課題に関しての相談といったやりとりが行われます。

実装段階になって、なんら疑問も課題も発生しない完璧な発注など、ありえません。実装を進めてみた段階で、はじめて気づくことが出てくるのは当たり前です。

発注を終えたあと、実装作業が進行しているからよしとして放っておくと、発注段階では気づかなかった問題が拡大していることがあります。実装担当者がみずから気づき声をあげることで発見に至る場合もありますが、どちらかというと、実装担当者が疑問や不安を抱えつつも、そのまま作業が進行していってしまうことのほうが多いです。

そうした状況を早期発見し解決していくためにも、実装の段階において、**ゲームデザイナーから実装担当者への頻繁なコミュニケーションが大事**です。

実装されたものの可否を、ゲームデザイナーが「判断」する

実装における「判断」とは、実装担当者の手によって出来上がったデータを、ゲームデザイナーがゲーム内やツール上で確認し、発注を満たす内容になっているかどうかを判断していく作業です。

発注との齟齬のほかにも、発注時には想定できなかった問題が生じていないか、ほかの要素との

組み合わせで問題が起きないか、クオリティ面での水準を超えているかなど、さまざまな角度から隅々まで見逃すことなく確認していきます。

こうした確認作業を通じて実装物の成否を判断するわけですから、ゲームデザイナーにはその判断基準の精度が求められます。

ぱっとみでなんとなく完成してそうだからといって、ＯＫとするわけにはいきません。正しい判断を行うためには、まずそのゲームが目指している方針、つまりゴールに対する理解が必要となります。そのうえで、技術的な観点や制作上のリスクを排除するためにも、ゲーム開発全般の多岐にわたる知識が必要です。

さらにいえば、判断基準もさることながら、判断自体を適切なタイミングで行わなければ、気づくのが遅すぎたことでより大きな問題に発展してしまう場合もあります。実装がすべて完了するまで放っておかず、中間確認の工程を挟むなどして、途中経過も伺っていく必要があります。いつなにをどこまで確認すべきかに正解はなく、作っているものや担当者の技量、開発全体を取り巻く状況などによって最適なやり方を毎回決める必要があります。そうした判断を、**適切なタイミングとやり方で行うためのワークフローを定めるのも、ゲームデザイナーの仕事**です。

ゲームデザイナーにとっての実装とは、コミュニケーションと判断の作業と言い換えることもできます。

実装の工程においてゲームデザイナーが果たすべき役割は、チームメンバーが前に進み続けられるよう「コミュニケーション」と「判断」という2つを通じて開発の推進役を担うことです。

コミュニケーションは、ゴールにこだわる

実装には、効果的なコミュニケーションのやり方がある

実装におけるコミュニケーションでは、発注者であるゲームデザイナー自身が発注段階で気づけなかったことや、実装担当者が作業を進めていくなかで生じた疑問や課題などに向き合っていく必要があります。

コミュニケーションが必要となる実際の場面はさまざまですが、誰が相手でもどんな状況であっても成果を生むために効果的なやり方があります。ゲームデザイナーがコミュニケーションを通じて、実装を正しい方向へと導くために大事なことを紹介します。

手段にこだわらず、ゴールにこだわったコミュニケーションに徹する

まず最も大事なことをひとつあげるなら、それは手段にこだわらず、ゴールにこだわるコミュニケーションを徹底することです。

手段へのこだわりとは、個人の主観から生まれた一意見や一アイデアに固執するやり方です。

実装担当者とのコミュニケーションのなかでよく起きることのひとつに、意見のぶつかり合いがあります。ゲームデザイナーと実装担当者双方が、「私はこっちの案のほうがよい」「いや、僕はこのやり方のほうがあっていると思う」などのように、それぞれが主観的意見を主張し合うことによって生じるぶつかり合いです。

このような場面において、手段へのこだわり、つまり「自分はこれがいいと思う」といった主観を根拠としたコミュニケーションでは、その一意見に対する納得感は得がたいです。ただ好みでやりたいことをゴリ押ししているようにも捉えられ、そうしたコミュニケーションが積み重なっていくと、やがて関係が悪化していきます。

これを回避するのが、手段にこだわらず、ゴールにこだわるコミュニケーションです。「どちらのアイデアがよりゴールに貢献するか?」「ゴールをより小さなコストで達成できるのはどの案か?」といったように、**ゴールを基準に客観視して評価、判断**していきます。

例えば、プレイヤーキャラクターの移動を調整するとします。もしゴールが「一騎当千の爽快アクションゲームを目指す」だった場合には、素早く自由自在に動き回れる速度や操作のレスポンスが重視されます。一方で、「怖すぎるホラーゲームを目指す」というゴールだった場合では、同じ移動でも「走るとすぐ疲れる」「急旋回するのに時間がかかる」といったままならない不自由さが重視されます。つまり、移動ひとつとっても、そのゲームにとってなにが正解かはゴール次第でまったく変わってくるのです。

このようにゴールを意識することで、「こっちがかっこよさそう」「こっちのほうが好き」といった、曖昧な判断基準によるコミュニケーションを回避できます。こうしたコミュニケーションをとることで、個人個人の主観のぶつかり合いを回避し、なんのためにそれを作っているのかに立ち返った**客観的視点同士の会話へとつなげていけます。**

ゲームデザイナーがこだわるべきは、自分で思いついた一アイデアなどではなく、いかにゴールを達成するかです。

ではあるものの、手段へのこだわりがまったくもってダメかというと、そういうわけではありません。あくまで例外と位置づけ、ここぞというところにだけとっておくことで、どうしても個人的な思いを形にしたい場面で「普段はアイデアにこだわらないのに、これに関してそこまでいうならば……」といったコミュニケーションに発展する可能性も生まれてくるでしょう。

積極的に、自分以外を頼る

ゴールへのこだわりについで大事なことは、必要に応じて自分以外の力を頼り、コミュニケーションをとっていくことです。

ゲームデザイナーは発注者という立場上、チームメンバーたちからさまざまな意見や課題が提起され、多種多様な判断を迫られる毎日をすごすことになります。そのなかには技術に関する深い専

自分以外を頼るためのコツ

相談 ＝ 相談事項に気づくこと ＋ 相談という行動を起こすこと

門知識が必要な話だったり、スケジュール延期や予算追加といった自分の裁量ではどうすることもできない話だったりと、難しい話題も数多く発生します。

そうした場合、必要な人に必要な話をもっていけることも大事なコミュニケーション能力のひとつとなります。

自分ではわからないことに対し、「わかったふりをする」「決定権がないのに勝手に決めてしまう」「誰にも言わずに抱え込む」などの対応をとることは、問題をより深刻化させる要因になりえます。**自分以外を頼りにすることは、決して恥ずかしいことではありません。**自分自身でわからないことは素直に受け入れ、誰かを頼る意思表明を早々にしてしまいましょう。

誰かを実際に頼るためには、誰がどんな知見を持っているかチームメンバーのことをあらかじめ把握しておくと助けになります。

わかってはいても、実際にやるのはなかなか難しいことかもしれません。自分以外を頼るコミュニケーションを実行に移すうえでのコツはあります。

相談を分解すると「**相談事項に気づくこと**」と「**相談という行動を起こすこと**」の2つに大きく分かれます。

「気づき」でのコツは、自分の担当作業を、自分自身のためにリスト化しておくことです。担当作業に含まれないことでも、よかれと思って自分で進めてしまうことは日常的によくあることだと思います。実はそうしたところから、「本来自分では解決できない、もしくは、解決すべきではない問題」を少しずつ抱え込んでいくことになります。自分の担当作業をゼロから積み上げてリスト化していき、それに含まれない案件が自分に生じたらすぐ相談する、といったルール化すれば、特に慣れないうちは「気づき」の助けになるでしょう。

「行動する」のコツは、相談相手を決めておくことです。ジャンルごとに、誰に話をするか事前に決めておきます。そうすると、なにかあったときに毎回どうしたらよいか考える手間が省け、真っ先にその人の顔が浮かぶようになります。相談事項に気づき、相談相手が明確であれば、あとは実行するだけです。

実装とは、ゲームデザイナーと実装担当者の共同作業である

ゲームデザイナーが実装を正しく導いていくためには、コミュニケーションの場面において、ゴールにこだわること、そして、自分以外を頼れることの2つが特に大事です。

実装工程において、作業を行うのは各実装担当者ですが、推進役を担うゲームデザイナーの役割も同様に重要な役割を担うことになります。つまり**実装とは、実装担当者とゲームデザイナーの共同作業である、**ということです。

ゲームデザイナーが実装結果を判断する

実装結果は、正しく判断する

実装が進み、モノが出来上がってきたら、ゲームデザイナーは発注者として成果物を確認し、それがＯＫか否かを判断する必要があります。

ＯＫとなると、その成果物に関しての作業が完了となり、開発が一歩前に進むことになります。当たり前ですが、開発を前に進めたいからといって、なんでもかんでもＯＫとすればよいわけではありません。どのような基準でＯＫの判断を下していけばよいのか、そのやり方を特に大事なものに絞って3つ紹介します。

- ゴール
- 発注要件
- クオリティ

まず、ゴールへの貢献度合いを判断する

最初にすべきことは、ゴールに貢献しているかの確認です。

ゴールの大切さは、コミュニケーションにおいてだけでなく、判断の場面でも同様です。OKかどうかの判断はさまざまな角度から行う必要がありますが、第一に考えなければならないのが、ゴール達成に貢献するものになっているかどうかです。

開発を進めていくなかで、どうしてもゴールを忘れてしまう瞬間が出てきます。特に、ぱっとみおもしろそうなものやクオリティの高いものが出来上がってきた場合などでは、見た目の魅力に惹かれ、大事なことを忘れてしまいがちです。実装した結果出てきたものが、どれだけぱっとみですぐれていても、実装担当者が休日返上で完成させた自信作でも、周りのチームメンバー全員が絶賛していたとしても、もしそれが**ゴール達成に貢献していないのならば、厳しい判断を行わなければなりません。**

例えば、プレイヤーキャラクターの移動の調整の結果、素早く自由自在に動き回れる爽快でかっこいいアクションが出来上がってきたとしましょう。ほかのどんなゲームにも負けないくらい素晴らしいクオリティの、移動アクションが完成しました。しかしながら、ゲームが目指しているゴールは「世界一怖いホラーゲーム」です。この場合、ゲームデザイナーはNOを突きつけなければなりません。

ゴールを軸にした判断を、冷静に徹底できるかどうかは非常に重要です。

次に、発注要件を満たしているかを判断する

次に考えなければならないのが、発注時の要件や意図、仕様などを満たしているかどうかです。発注した際の内容すべてを見直し、全部を満たしているかどうかを事細かに検証していく工程となります。

この検証においては、**網羅性と精度の両方が重要**です。判断に見落としがあった場合、どれだけいいものがあがってきたとしても、あとになって大きな手戻りが発生してしまいます。チェック項目リストなどを事前に用意し、とにかく抜け漏れが出ないよう、しらみ潰しに片っ端から確認していきましょう。

よくあるのが、「ベストな視点からしかチェックしていない」場合です。3Dの場合、キャラクターでもモーションでもエフェクトでも、3D空間上に表示されるものは、さまざまな角度からプレイヤーが目にすることになります。正面から見た際にはバッチリのかっこいい出来栄えであっても、裏から見たら、破綻している、ということも起こりがちです。

ゲームデザイナーがチェックする際には、ベストな状態を確認するだけでなく、「真下から見たらどうなるか」「ものすごく近くまで接近して見たらどうなるか」といった、「普通のプレイヤーはやらないような目線」での確認も行っていく必要があります。

また、実装の確認として一度OKを出したものを、あとになって「やっぱりここがダメだったので、作り直してほしいです」と後出しで依頼することは、実装担当者のモチベーションを低下させる要因になります。

確認作業が人の手で行うものである以上、抜け漏れを完全にゼロにすることはできません。だとしても、できうる最大限のことを常に行い、少しでも手戻りの発生を防ぐ努力は怠らないようにしましょう。

最後に、クオリティを判断する

ゴールと発注要件に対しての確認を終えたのちに判断すべきことは、クオリティです。

ゴールと発注要件を完璧に満たしていながらも、単純に品質面に問題があるというのもよくあることです。

クオリティのチェックに関しては、キャラクターや背景といった要素ごとに設けられたセクションリーダーが行う場合や、ディレクターが行う場合があります。誰がクオリティチェックを担当するかは、プロジェクト次第です。

そうした場合であっても、ゲームデザイナーが品質面をまったく見なくていいというわけではありません。

各分野の専門家ではないゲームデザイナーが、クオリティについて判断する場合に意識すべきことがあります。そのゲームの**ターゲットユーザー目線を判断基準に、客観的事実を伝える**ことです。「これはターゲットユーザーに刺さりそう」「これはターゲットユーザーにとって理解するのが難しそう」といったように、自分たちのゲームを届けたい相手を想定した目線でのコミュニケーションです。

クオリティに関して、ゲームデザイナーの主観や好みが判断基準に混ざっていると、実装担当者は徐々に、ターゲットユーザーではなく発注者にとってなにが正しいのかの正解探しを始めてしまいます。

ターゲットユーザーの顔ではなく、チームメンバーや社内の誰かの顔を伺い始めるのは、開発が迷走し始める危険な兆候です。

そうした状況を作らないためにも、なぜそのクオリティでＯＫなのか、あるいは課題があるのかを、ターゲットユーザーの目線を想定した客観的視点で伝えていく必要があります。

そして、おもしろさの判断も忘れない

実装物に対する判断のやり方を３つ紹介しましたが、もうひとつ、なによりも重要な判断基準があります。

それは、おもしろいかどうかです。

ゴールに向かって進み、発注要件を満たしたうえで、データのクオリティとしても申し分ない状

況であるにもかかわらず、おもしろさにつながらないものが出来上がってしまうことがあります。

発注通りに申し分ないものを作ってだめだったわけですから、それはつまり、**発注自体に問題があった**ことを意味します。出来上がったものが想像していたものと違ったり、想像したとおりのものが出来上がったにもかかわらずおもしろくなかったり、と症状はさまざまです。

どうであれ、発注者としては、起きてしまった現実を受け止めなければなりません。結果と真摯に向き合い、必要に応じた軌道修正を図る必要があります。

ゲームデザイナーが発注者である以上、自分で発注して出来上がったものを否定することは、みずから自分のミスを認めることにもなります。それは勇気のいることです。もしそこで意固地になり、現実を受け入れずにいると、その後結果的により大きなものを失うことになりかねません。

ゲームデザイナーには、実装したものがたとえどんな結果であっても、責任を持ってそれを受け止める姿勢が必要です。

POINT

1 実装は、ゲームデザイナー以外の手によって行われる

2 ゲームデザイナーは、「コミュニケーション」と「判断」を通じて実装を進めていく

3 手段にこだわらず、ゴールにこだわったコミュニケーションを徹底する

4 自分では判断がつかない場合は、自分以外を頼って相談する

5 「ゴール」「発注要件」「クオリティ」の順に実装結果の判断を行う

6 最終的に、おもしろいかどうかを判断する

「調整」がゲームの生死をわける

”調整せずにユーザーに提供してよいものは、なにひとつ存在しない“

調整によってはじめてゲームはおもしろくなる

実装が生きるも死ぬも、調整次第

ゲームは、調整の工程を迎えてはじめておもしろいものになっていきます。

料理に例えるならば、実装の段階はあくまで具材が用意されただけの状態であり、調整の段階になってはじめて調理が行われ、具材は調理を経てようやくお客さんに提供可能な料理へと変わっていきます。

調整を経る前の状態のゲームは、料理における具材同様で制作過程の途中段階にすぎず、それをユーザーが目にすることはありません（設定資料集など、制作過程を伝える用途に特化した一部の例外は除きますが）。

例えば、どれだけハイクオリティなキャラクターの3Dモデルを作成したとしても、それをただ3Dモデルとして表示されているだけの状態で見るのと、ゲームのなかで意味を持った表情や演技を伴っているキャラクターを見るのとでは、その印象は劇的に変わってきます。

ゲームの遊びの部分では、パラメータの一部の数値をほんの少しいじるだけで、遊んだときの手触りや印象が１８０度変わってきます。

ユーザーの目に触れられる状態に仕上げる**調整の工程こそが、ゲームの最終的な形を作り出す**のです。それまでに作り上げてきたものが生きるも死ぬも、最終的な調整のさじ加減にかかっています。そんな調整の場面において、さじ加減を握ることになるゲームデザイナーの責任は重大です。

調整はゲームに実装するあらゆる要素に対して行っていく

調整作業を行う対象は、ゲーム全域にわたるすべての要素です。**調整を経ないでユーザーに提供してもよいものは、なにひとつ存在しません。**

ゲームの難易度やグラフィックの見た目といった目に見えるわかりやすい調整個所は当然ながら、シーンとシーンをつなぐ画面のフェードアウト演出の長さをコンマ数秒単位まで細かく調整するといったことも行っていきます。

ゲームを構成する膨大な要素すべてを、ひとつひとつ端から端まで調整していくことになります。調整作業はゲーム全域に影響を及ぼすため、やりようによってゲームの出来をいかようにでも変えてしまいます。

ゲームデザイナーとして調整作業をうまく行い、ゲームをよい方向へと仕上げていくためには、どうすればよいでしょうか？

当然のことですが、ただ漠然とよくしよう、おもしろくしようというだけではうまくいきません。ゲームデザイナーのすべての作業のなかでも、**調整は最難関の工程**です。たとえ調整を担当する要素がひとつだったとしても、ほかの要素への影響や結びつきも踏まえたうえで調整する必要があります。そのためには、ゲーム全域に関する知識が求められます。また、ユーザーに届ける最終的な形を決めるためには、事前にユーザーの反応を想像し予測することも必要です。

多岐にわたる調整作業を、すべてうまくいかせる具体的なやり方は、残念ながら存在しません。ですがそれでも、確実に成果を出す方法があります。ここからは、調整のやり方を紹介していきます。

味の善し悪しはプレイヤーが決める

まず誰に向けて調整するかを明確にする

調整していくにあたり、まず考えなければならないのが、誰に向けての調整かということです。

制作の過程でその都度良し悪しを判断し調整作業を進めていくのはゲームデザイナーの作業ですが、出来上がったものをプレイし、最終的に良し悪しを決めるのは、ゲームを実際に遊んだプレイヤーです。

料理に例えるなら、お客さんの味の好みは千差万別で、たとえ同じ味付けの料理を提供したとしても、それを美味しいと感じる人と美味しくないと感じる人、両方が出てくるのが当然です。

調整を行う際には、目指す味付けを決める前にまず、**届けたいユーザーが誰なのかを決める**必要があります。そして、そのユーザーに味をどのように受け取ってほしいかを考えながら、味付けを決めていきます。

ゲームを届けたいユーザーについて考えることは、実際の調整作業そのものと同じくらい重要です。

調整に、ゲームデザイナー個人の趣味趣向を混ぜてはいけない

調整した結果の味がどう受け入れられるかは、実際にプレイヤーがゲームを手にとって遊ぶまで、本当のところは誰にもわかりません。

それでもゲームデザイナーは、お客さんへ実際に料理を出す前のタイミングで、味を決めなければなりません。したがって調整の過程においては、**プレイヤーがどう反応するかをゲームデザイナー自身で想像しながら進めていく**必要があります。

調整をしているとどうしても自分自身の好みだったり、「アクションが得意」「リズムゲームが苦手」といったプレイヤーとしての得手不得手だったりが影響を与えてしまいがちです。たとえそうだとしても、調整作業ではゲームデザイナー自身の私情や趣味嗜好を徹底的に排していかなければなりません。

プレイヤーの視点を想像する助けになる方法が存在する

そもそも、ものごとを自分以外の視点で考えるのは、難易度の高いことです。そのうえでさらに、特定のユーザーのことを想像しながら調整していくわけですから、これは並大抵のことではありません。

想像が難しいのだとしても、もしも実際にプレイヤーがプレイしているさまを調整作業の段階で見ることができたならば、わざわざ想像する必要はなくなります。調整作業も容易になることでしょう。

実は、ゲームの開発途中段階であっても、**プレイヤーの反応を擬似的に得られる方法**があります。その代表的な例として次の2つを紹介します。

- **プレイテスト**
- **ベータテスト**

「プレイテスト」を通じて、主観的感想を得る

「プレイテスト」は、開発途中段階のゲームを実際にプレイしてもらい、意見や感想を集めるやり方です。

プレイしてもらう対象者をどのように選定するかにはさまざまなパターンがあり、社内にプレイテスト専門の部署を抱えていたり、社外の専門業者に依頼して手配したりする場合もあれば、チームメンバーや社内の有志などに声をかけて行う場合もあります。発売前のゲームをプレイするわけですから、情報漏えいが起こるリスクを抑えるため、いずれの場合でも**対象者を厳選**します。

プレイテストの結果を得る方法としては、アンケートのような形で意見や感想をまとめたり、プレイした参加者にインタビュー形式でヒアリングしたり、ときにはプレイする様子を録画して喜怒哀楽を感じたさまを参考にしたりなどがあります。

プレイテストを通じて得られるのは、個々人の主観的な意見、反応、感想が中心となります。

「ベータテスト」を通じて、客観的データを得る

「ベータテスト」は、完成間際のゲームを、人数を限定して一般ユーザーに開放し、プレイ可能な状態にして遊んでもらうやり方です。主にオンラインＰＣゲームで用いられ、最近ではスマートフォンゲームの一部でも取り入れられています。

正式なリリースを前に、ほぼ完成状態に近いゲームに対する意見を実際のプレイヤーから集めることで、精度の高い反応を得られます。そうして集めた意見などは、ゲームの最終調整に活かしていくことになります。

前述のプレイテストと異なり、身の回りレベルの数名程度ではなく、数百から数千名単位でプレイしてもらえるため、より広い視点からの意見を集められます。

よいことしかないようにも聞こえますが、当然ながらリスクもあります。ベータテストの段階でのゲームのクオリティが低かった場合、まだ正式リリースしていないにもかかわらず、それが評判として広まり、**ゲームの評価が発売前に決まってしまう**場合があります。

ベータテストでは、個々人の主観的な意見や感想よりも、多数のプレイヤーそれぞれが実際にどのようにプレイしたかのデータをすべてオンラインで集積し、データの傾向から問題点などを見つけて調整に活かしていくことが多いです。

例えば、等価値の武器が2種類あるにもかかわらず、多くのプレイヤーが使ったのがどちらかに偏っているというデータが得られた場合、それらの武器には使われない理由あるいは使われすぎる理由がなにかある、ということがわかります。

テスト結果は、決して本当のユーザーの声ではない

こうしたテスト結果によって特に気付かされるのは、チュートリアルについてです。

作っている自分たちにとっては当たり前で、「ここまで細かく説明する必要はないだろう」と思うような部分でも、初見のプレイヤーにとってはわからないことだらけになることがあります。

例えば、家庭用ゲームでは説明書をまったく読まないユーザーが多いにもかかわらず、コントローラーの各ボタンに割り当てられている機能ひとつひとつについて、説明書や任意で確認するオプション画面に記載しているからと、ゲームを遊ぶ全員が目にする必須ルート上での説明を怠りがちです。チュートリアルを足していったり、場合によっては、説明が足りないのではなく、そもそもわかりづらすぎる要素だから簡略化したりといったことで、改善につながる場合も多いです。

プレイテストとベータテスト、どちらも本当の意味で、純粋なユーザーの声ではありません。ですが、こうしたやり方を通じてユーザーの声に近い意見や課題を可視化できます。そうした情報はゲームデザイナーが調整を行っていくうえで有益です。

一方で、注意点もあります。それは、**ゲームデザイナーは意見に振り回されてはならない**ということです。

まず大前提として、ユーザーに近い声ではあるものの、ユーザーの本物の声ではありません。したがって、そのまま鵜呑みにするのは危険なことです。あくまで参考程度にとどめるつもりでいることが大切です。

また、ときには声の大きさを意見の正しさと錯覚してしまう場合もあるでしょう。

忘れてはならないのは、意見のもととなっているゲームは、まだ完成していない状態であるということです。

あくまで開発途中の段階です。このあと、調味料によって味が整う前段階であるにもかかわらず、今食べたものの味がしないからといって、料理そのものがダメであると判断し、途中で作り直してしまうようなものです。最後の調味料さえ加われば、最終的に抜群の味になっていたかもしれない料理を、です。

途中段階の料理を食べたお客さんには、なにがどう途中でこのあとどうなるのかなど想像もつきません。いえるのは、今食べたものが美味しいか美味しくないかのみです。

意見はあくまで意見。それを踏まえどう調整していくかは、最終的にゲームデザイナー自身が決断していく必要があります。

遊んだプレイヤー全員が満足するものを、目指さない

当然ですが、料理を食べた全員が全員、口を揃えて美味しいという味付けは作れません。味を届けたいお客さんを決めるということは、裏を返せば相手をしないお客さんを決めるということでもあります。

開発を進めていくなかでは、調整途中の状態をプレイしたさまざまな人たち、例えば、チームメンバー、上司、会社の上層部、クライアントなどから、ありとあらゆる意見が寄せられます。

常に忘れないでほしいのは、**ゲームの良し悪しを決めるのはゲームを実際に遊ぶプレイヤーであるということです。**

身近な場所からの意見ほど、大きな声として耳に届いてくるかもしれません。その声の主がどこ

の誰であれ、自分たちの作っているゲームのユーザーにとっての価値をしっかりと見極めなければなりません。常にユーザーが誰であるかを見失わず、食べてほしいお客さんにとって最高の味になるような調整を貫きましょう。

調整の正攻法は、試行回数である

調整は、試行回数がすべて

実際に**調整を行っていくうえで最も大事なことは、とにかく試行錯誤の回数を増やす**ことです。よい調整を行うための方法として、これに勝るものはありません。

調整を行う際に、一度の調整でうまくいくことはめったにありません。ひとつの要素を、何度も何度も繰り返し調整していくことになる場合がほとんどです。そして、調整によるトライアンドエラーを重ねれば重ねるほど、それに比例して一歩ずつ確実に品質は向上していきます。

調整における正攻法は、より多く繰り返すこと、これに尽きます。

これだけ聞くと、当たり前のことのように聞こえるかもしれませんが、あえてこの話をあげるのには理由があります。

それが正攻法だとわかっていても、実践するのが難しいからです。

実際のゲーム開発において、調整作業は開発終盤での工程となるため、締め切りに近い状況で行うことがほとんどです。そのため十分な時間が確保できない場合も多く、時間がなければ満足のいくまで試行回数を重ねることも難しくなります。たとえそれが正攻法とわかっていても、繰り返し調整を重ねることがなかなか叶わないのが現実です。

そんな中、試行回数を確実に増やすためにできることがあります。そのやり方を紹介します。

試行回数を増やせる環境を、事前準備する

調整作業における試行錯誤、すなわちトライアンドエラーの回数をどうしたらより多く確保できるのでしょうか？

そのために、**トライアンドエラーしやすい環境をあらかじめ作り出しておくことが重要**です。

残された調整時間が決まっていても、もし1回のトライアンドエラーを行うのに要する時間を半分にできれば、そのぶん、調整を倍の回数行えます。1回の調整作業で、2つ要素を同時に調整できるようになっていれば、最終的に倍の数を調整できます。

そうした環境が、たまたま用意されている場合もあります。ですが、そんな運に頼らずとも、ゲー

ムデザイナーが事前に計画を立てておきさえすれば、調整効率をあげられる環境を意図的に作り出せます。ゲームデザイナー自身の努力によって、トライアンドエラーをしやすい環境を作れるのです。

それにはさまざまな方法がありますが、代表的な例をいくつか紹介します。

調整作業環境の高速化

1回の調整作業にかかる時間を物理的に短くする方法として、単純ながら効果的なのが、**よい機材を手配すること**です。

調整作業にかかる時間には、作業を行うPCのスペックに比例する部分もあります。PCが遅いぶんだけ、1回の調整作業に要する時間が確実に伸びていきます。

「小さいモニタで作業しているところを、解像度の高い大きなモニタに変えてみる」「モニタ1面で作業しているところを、2面にしてデュアルモニタの環境にしてみる」「職場のキーボードを、プライベートで使っている打ち慣れたキーボードに変えてみる」など、機材や環境を通じて物理的に効率を上げる方法は、実はかなり有効です。

実際にゲーム開発の現場では、スペックの低いPCや機材で我慢して作業しているような状況も見受けられます。

「時は金なり」ということわざがあるように、時間はときにお金以上に貴重です。生産性がより高くなるよう機材や環境といった部分に投資したほうが、最終的にかかる工数や費用も少なくてすむことになります。

調整工程の自動化

調整では同じ工程の作業を、何度も延々と繰り返します。

例えば、一工程あたりマウス10クリックかかる作業を、5クリックで済むようにするだけで、手間は半分になります。

たかが5クリックと思うかもしれませんが、その調整を100回繰り返すとなれば500クリック、同じ調整環境を10人が使うとなれば5千クリック、その環境で10個のデータを調整すれば5万クリックとなります。

「塵も積もれば山となる」のことわざがあるよう

調整工程の自動化による手間暇の削減

10クリック × 100回調整 × 10人利用 ＝ **10,000クリック**

▼▼

自動化 → **手間暇の削減**

▼▼

5クリック × 100回調整 × 10人利用 ＝ **5,000クリック**

に、ひとつひとつは微々たるものでも、積もり積もっていけば馬鹿にならない手間暇が結果的にかかることになります。

こうした部分を改善するためには、「手動で毎回行っている繰り返し作業を、あらかじめ登録した一連の処理として自動的に実行するプログラム」すなわちバッチ処理を作成するなどして**自動化できれば、確実に調整時間の確保につながります。**

調整箇所の共通処理化

例えば、10体のキャラクターで共通して使っているパラメータがあった場合、これを10体それぞれに対して個別に設定している場合より、1箇所だけパラメータを直せば自動的に10体全員に反映されるよう設定している場合のほうが、より早く調整できます。

同じ値を複数箇所で使う場合、こうした環境になっていないと、一度値を変えるたびに毎回10箇所に入力するためのコピーアンドペーストの作業が発生します。作業の手間が10倍になるだけでなく、コピーアンドペーストし忘れる人的ミスが発生する可能性も生まれます。

共通化できるところを見つけ、**共通化していくだけで、調整に要する時間は確実に減らせます。**

調整箇所の事前指定

調整の工程になった際に、なんでもかんでも自由に調整できるというわけではありません。ゲームは複雑な仕組みで組み上がっています。一見すると簡単に変更できそうな部分であっても、実は変更するのにものすごくコストがかかることがあります。

ある一箇所をいじっただけで、一見すると無関係そうなさまざまな場所にも同時に影響が出てしまうこともあります。そうした複雑に組み上がった箇所を調整する場合には、必要な時間が多くなるだけにとどまらず、結果的に調整の枠を超えた作り直しが必要になることもありえます。

こうした状況を避けるためには、調整の際にどこをどのように調整したいかを、調整するときになってはじめて伝えるのではなく、**調整より前の段階であらかじめ意思表示し、相談しておく**ことが必要です。あらかじめその場所を調整するとわかってさえいれば、それが簡単に行えるようにするための準備を仕込んでおけるからです。

すべてを事前に洗い出しておくことが理想的ですが、慣れないうちは難しいことでしょう。その場合はまず、絶対にここは調整したいとわかっていることだけでも列挙しておくと、実装の助けになります。

例えば、「攻撃の出の速さを調整したい」「飛び道具が相手をホーミングする精度を調整したい」「ゲームの難易度ごとに敵のＨＰと攻撃力を切り替えたい」といった程度でもかまいません。

自分にとって調整することが当たり前と思っていることも、ほかの人にとってはそうでない場合もあります。大事なことは、些細なことでも事前に意思表示をしておくことです。

調整環境は、ゲームデザイナー自身で考える

ここで紹介したものは、効率的な調整環境の作り方としてのほんの一例にすぎません。ほかにもさまざまなやり方があるでしょう。

大事なことは、ゲームデザイナー自身でこうしたことに気づき、考え、提案し、実現できるようになることです。

トライアンドエラーを行いやすい環境は、誰かが準備してくれるものではありません。 ゲームデザイナー自身が担保するものです。調整を通じてゲームをおもしろくするためには、おもしろさを作り出しやすい環境まで含めて、自分自身の手で作り出せることが大事です。

事前準備で、調整を効率化させる

調整はまとめて行うことで、効率化できる

試行錯誤の回数を増やすこと以外にも、調整作業の効率を確実に高められるやり方があります。それは、調整をまとめて行うことです。

実装が完了した要素やデータを、ひとつずつ順番に調整していくのではなく、ある程度の数が実装されたあとにまとめて一気に行います。

まとめて作業を行う単位としては、関連性の高い要素同士がひとかたまりになるような内容と数にします。関係している10個の要素があった場合、それをひとつずつ順番に実装から調整していくのではなく、10個の関連要素が全部実装されてから、10個まとめて調整していきます。関連する要素の実装度を高めたうえで**まとめて調整することで、調整作業の精度や効率を飛躍的に高められる**からです。

例として、バトルを行うマップの調整について説明します。

マップを調整するにあたりまず、プレイヤーがどのくらいの速度でマップ上を動けるか、移動速度を調整します。次に、敵の移動速度を調整しますが、敵はプレイヤーとまともに戦うために、逃げ回るプレイヤーに最低限追いつける必要があるので、プレイヤーの移動速度を基軸に調整していきます。

プレイヤーと敵の移動速度が定まると、今度はその移動速度に対応できるようマップのサイズを調整していきます。マップを狭すぎず、広すぎずといった広さに調整するためには、プレイヤーがマップの端から端までを何秒で走りきれるようにするかを基軸に調整していきます。3秒で駆け抜けられたら狭すぎるかもしれません。30秒かかるようでは広すぎるかもしれません。

このように、それぞれの要素は密接に関係しています。

これがもし、マップのサイズだけを先に調整しきってしまったとしたらどうでしょう。バトルするには狭すぎるマップになっていたならば、それにあわせプレイヤーの移動速度をものすごく遅くする必要が出てきます。ですが、それではまともなバトルにならないので、結果的にマップの調整をもう一度やり直すことになるでしょう。

こうした事態を防ぐためにも、**関連する要素はまとめて調整するのが望ましい**です。

あるひとつの要素を調整しても、あとになって実装された関連要素との兼ね合いにより、再度調整が必要になってくることがあります。単体として見たときの調整としては正解だったことも、あとから実装されたほかの要素と絡めてみたときに、それが最適解ではなくなってしまうことがあるからです。

また、ほかの関連要素の実装度があまりに低い状況で調整を行っても、本来であれば正解だった調整もその段階では不正解に見えてしまい、間違った判断を下してしまう可能性もあります。

こうした状況を回避するためには、関連要素がある程度まとまって実装されたあとで一気に調整するほうが、少なくとも間違いが起きづらいです。

まとめて調整できる環境を、ゲームデザイナー自身で考える

関連要素をまとめて調整するためには、準備や計画が必要です。

ただ要素が揃うのを待っているだけでは、単に調整の開始タイミングが遅くなってしまうだけです。

まとめて調整していくためには、まずゲームを構成する要素のなかで、どれとどれが関連するのかをゲームデザイナー自身が把握しておく必要があります。それができれば、発注の段階から作業順番やスケジュールなどをコントロールすることで、**関連要素が近しいタイミングで実装されるように開発を進めることもできます**。関連要素10個のうち9個は実装済みであるにもかかわらず、残り1個だけが開発終盤に実装されるため、どれも調整できないままでいる、なんてことを避けられるはずです。

関連する要素を把握するためのコツとしては、「プレイヤーキャラクター」「敵キャラクター」「マップ」といったデータ単位ではなく、「バトル」「イベントシーン」「ダンジョン攻略」「成長要素」といったゲームの遊び単位で考えることです。遊びに含まれるものはなにかをひとつずつ洗い出していくと把握しやすいです。

どこまで調整できるかは、事前準備で決まる

ゲームは調整の段階ではじめておもしろくなります。

調整の成果は、試行錯誤の回数をどれだけかけられるかに懸かっています。

つまり、**調整の試行錯誤を効率よくする環境を整える準備段階で、ゲームを最終的にどこまでお**

もしろくできるかの勝負はある程度決まってしまうのです。調整作業そのもののだけでなく、調整作業のための環境作りまで含めて、ゲームデザイナー自身が担うことが重要です。

POINT

1. ゲームは調整を経て、はじめておもしろくなる
2. 調整は、ゲーム全体のあらゆる要素に対して行う
3. 誰に向けた調整なのかを、まず決める
4. 調整は、ターゲットとするプレイヤーを想像しながら行う
5. 調整を成功させるためには、とにかく試行回数を増やす
6. 試行回数が増える環境は、ゲームデザイナー自身で整える
7. 関連する要素は、なるべくまとめて調整を行う

CHAPTER 4

ゲーム開発を成功に導く、リーダーシップ術

ゲームデザイナーに求められる4つのリーダーシップ

”リーダーシップに、リーダー経験は必要ない“

ゲームデザイナーには「リーダーシップ」が期待される

ゲームデザイナーは実務以外の役割も担う

ゲームデザイナーがゲームをおもしろくするために行う実務的な作業として、「発注」「実装」「調整」の3工程について説明してきました。

おもしろさを実現するうえでは、こうした実務作業だけでなく、ゲームデザイナーに期待される役割があります。

それは「**リーダーシップ**」です。

ゲームデザイナーには、「リーダー」「マネージャー」「ディレクター」「プロデューサー」といった肩書や役職があるわけではなく、なにかリーダー的な権限があるわけでもありません。権限があるかどうかとは関係なしに、実際のゲーム開発の現場では必ずと言っていいほど、ゲームデザイナーにはリーダーシップが期待されます。

肩書や権限で明文化されておらずとも、それが現実です。

チームメンバーは、ゲームデザイナーを頼りにしたい

職務上の肩書きや権限があるわけでもないゲームデザイナーに、なぜリーダーシップが求められるのでしょうか?

その理由は、明確にあります。

チームメンバーが行う実作業は、ゲームデザイナーからの発注によって発生します。そのため、チームメンバーたちは、受発注の関係から話をする立場にあるゲームデザイナーに対して、困ったことを相談したり、課題を共有して解決を求めたりと、なにかと頼りにする場面が自然に発生していきます。

リーダーシップというと堅苦しく聞こえるかもしれませんが、要するに**チームメンバーにとってなにかと頼れる存在であること**が、ゲームデザイナーに期待されるのです。

正解のない道を進む道程を、牽引する

ゲームデザイナーに期待されるリーダーシップとは、具体的にどのようなものでしょうか?

その内容は、ゲーム開発というものの特性と密接に関係しています。

『80点がとれずに力尽きる、ゲーム開発の実情』(▼P035)でも説明したとおり、ゲームとは、未完成で終わる可能性が非常に高いエンタテインメントです。

ゲーム開発には、これさえやっておけばなんであれ確実に完成まで導いてくれる「設計図」のようなものが存在しません。目的地にたどり着くための航路がないまま出航する、航海のようなものです。正解のない道を、集団で前に進み続けなければならないのがゲーム開発です。

道を進む過程では、予期しない課題や困難に直面することが日常茶飯事です。何事もなく前に進んでいるときでさえも、「本当にこのまま進んでいって大丈夫なのか」といった不安や迷いが常につきまといます。

ゲーム開発という困難な道程を「こっちに行こう」「この道で大丈夫だ」「ここはこうやって乗り切ろう」と、精神的にも物理的にも牽引し続ける存在が開発現場では求められます。チームメンバーにとって身近な存在であるゲームデザイナーには、そうした開発現場の精神的支柱にともいえるようなリーダーシップが期待されます。

ゲームデザイナーは、自分自身の作業をこなしているだけでは、その役割を務めきっているとはいえません。ゲームデザイナーの役割として、**ゲームをおもしろくしていくのと同じくらい、開発現場においてリーダーシップを発揮することが重要**です。

リーダーにならず、リーダーシップを身につける

チームメンバーから期待される、4つのリーダーシップ

ゲームデザイナーがチームメンバーに期待されるリーダーシップは、多岐にわたります。ゲームの中身に関することは当然ながら、業務を進めるうえでのワークフローの話、チーム内でのコミュニケーションや人間関係の話、トラブルへの対応や相談などさまざまです。ほかにもあげていけばきりがないほど、多種多様な面でゲームデザイナーはチームメンバーから頼られることになります。

そのなかでも特に大事な役割は、次の4つに集約されます。

■役割1：おもしろさを客観視する

・自分たちが作っているゲームがおもしろくなるのかどうかという不安に対し、客観的視点を持って、不安を解消していく役割

■役割2：意思決定を行う

・開発の過程で発生する大小さまざまな決め事に対し、いち早く決まらない状態を脱して、開発を前に進めていく役割

■役割3：問題を解決する

・開発の過程で発生する多種多様な問題を、発見し、解決し、未然に防ぐ役割

■役割4：チームとのコミュニケーション

・集団作業のゲーム開発のなかで、人と人の間に立って、コミュニケーションを円滑に進めるために動いていく役割

リーダーシップは、誰でも身につけられる

こうした開発を牽引する役割を担ううえで重要となるのがリーダーシップです。ゲームデザイナーはこれをどのように身につければよいでしょうか？

リーダーシップというものは、実際にリーダーという立ち位置を経験することで身についていくものに感じるかもしれません。しかし、ゲームデザイナーにはそうした権限はありませんので、実務を

ゲームデザイナーに期待される4つのリーダーシップ

1	2	3	4
おもしろさを客観視する	意思決定を行う	問題を解決する	チームとのコミュニケーション

通じてリーダー経験を身につけられるわけではありません。
そんな中、実際にリーダーを経験しなくても、リーダーシップを身につけられるやり方は存在します。ゲームデザイナーにリーダーシップとして期待される、特に大事な4つの役割それぞれに対するやり方を紹介します。

POINT

1. **ゲームデザイナーには、リーダーシップが求められる**
2. **チームメンバーは、ゲームデザイナーを頼りにしている**
3. **リーダーシップとして求められることは、ゲームの中身以外も含め多岐に渡る**
4. **実際にリーダーを経験せずとも、リーダーシップは身に着けられる**

「おもしろさの客観視」が説得力につながる

"徹底的に客観視したうえで、最後の最後は自分で決める"

おもしろさの実現には、客観的視点が不可欠

ゲームデザイナーは、おもしろさに「説得力」を備える必要がある

　ゲーム開発の途中段階において、自分たちが作っているゲームがおもしろくなるのかどうか、先行きが見えず不安になりがちです。

　ゲームがおもしろくなっていく調整の作業が行われるのは、ゲーム開発も終盤に差し掛かったタイミングの場合がほとんどです。**年単位で続くゲーム開発のほとんどの期間、チームメンバーたちはゲームが実際におもしろくなった状態を見ることができません。**最終的なゲームの完成形は、開発が終わらない限り、ゲームデザイナーも含め誰も目にすることはできないのです。

　おもしろくなるかどうかを、事前に実際確かめる手段はありません。だからこそ、発注者であるゲームデザイナー自身が、おもしろくなると信じて進めることが重要です。そして、チームメンバーにも同様の思いを抱いてもらう必要があります。

　そのためには、ゲームデザイナーが考えるおもしろさに、いかにして「説得力」を持たせられる

かが重要です。**説得力を持たせるためになにより重要になってくるのが、「客観性」です。**

説得力を生み出す「客観性」を、さまざまな主観が邪魔をする

ゲームデザイナーにとって重要となる客観性とは、いかにしておもしろさを**客観視して捉えられるかと**、それをチームメンバーに対していかに**客観的に伝えられるか**に集約されます。

おもしろさの客観視とは、言葉のうえではシンプルですが、ゲームデザイナーがそれを実行するのは決して簡単ではありません。

自分自身で考えたアイデアや、時間をかけて作り上げた企画といったものに対しては、どうしても個人的な思い入れが出てくるものです。そうした思い入れは、物事を自分の都合のよい方向へ捉える先入観となりがちで、それにより判断基準や分析結果、会話の内容といったものが主観的になっていきます。

主観に加え、論拠まで説明できる状態が理想的

物事を客観的に捉え、それを伝えられれば、「おもしろそうだから」「こっちのほうがよさそう」「自分はこっちがよいと思うから」といった主観的な発言や考え方を減らしていけます。

その代わりに、「どうしてそれを作るべきなのか」「なぜおもしろくなりそうなのか」「なぜそれがプレイヤーにとってよいのか」といったことを論拠とともに説明できるようになります。チームメンバーとのやりとりにおいて、ゲームデザイナーがそうしたやりとりをできるようになれば、それがやがて説得力へとつながっていきます。

説得力をもたらすうえで必要となるこうした論拠は、チームメンバーとのコミュニケーションにおいてだけでなく、「本当に、それでおもしろいのか?」を**自分のなかで検算する意味でも重要**です。どのようにおもしろくしていくかを考えるうえで、主観的な思いつきが最初のきっかけになることも多いでしょう。それ自体にはなんら問題ありません。考えを人に説明する段階では、思いを中心とした主観的な部分だけでなく、思いを排した客観的な論拠もあわせて説明できることが理想的な状態です。

客観視を手助けする、3つのツール

物事を客観的に捉えるのは、難しいことです。ましてそれが、自分で考えたアイデアや企画に対してとなると、難易度はさらに高まります。

当然ながらある日いきなり客観視できるようになるというわけではありません。試行錯誤を繰り返しながら、少しずつ慣れていく必要があります。

そんな中、客観視するのを今すぐ助けるやり方があります。

これから紹介する次の3つのツールです。

・**画面対決**
・**〝使場〟調査**
・**第三者視点**

これらは、自身の考えていることが客観的な視点からみてどうかを、自分自身で判断できるようになるためのやり方です。人間が考えて行う以上、どこまでいっても最終的には主観的な部分が残ります。それでも、これから紹介するやり方を活用すれば、今すぐにでも確実に客観視できるようになります。

客観視ツールその1「画面対決」

ゲーム画面を文字通り客観視する

最初に紹介するのは、自分たちの作っているゲームを客観的に文字通り〝観る〟やり方、「画面対決」です。

家庭用ゲームやスマートフォンゲームなどのデジタルゲームでは、それがどんなゲーム内容であれプレイヤーが遊ぶ際に最終的に目にするのはＴＶやスクリーンといった、画面に映し出された映像です。

また、ゲームを実際に遊ぶ場面だけでなく、Ｗｅｂや雑誌を通じてゲームの情報の画像を観る場合、プロモーションビデオやプレイ実況など動画でゲームを観る場合においても、目にするものは画面という枠のなかに映し出されたゲームの映像の一部分です。

ゲーム画面は、プレイヤーとゲームの接点になる重要なものです。プレイヤーは最終的にゲーム画面に映し出されたものによって、ゲームを評価します。

もし、開発途中のゲーム画面の良し悪しを客観的に判断できるやり方があれば、プレイヤーに届いた際になにがよくてなにが足りないかを事前に判断できるはずです。

それを可能にするのが、「画面対決」です。

自分たちとライバルのゲーム画面を、並べて比較する

「画面対決」のやり方は、いたってシンプルです。

まず、自分たちが作っているゲームのなかで、**客観視したい部分を明らかに**します。対象は「キャラクター」「ゲーム画面全体」「武器」「必殺技」「会話シーン」など、ゲームの中のどんな要素に対してでも問題ありません。

対象を明らかにしたら、次はそれに対して「**超えたいライバル**」を設定し、どのような部分でそのライバルを超えたいかの判断軸を具体的に定めます。

例えば、「よりかっこいいアクションにしたい」「ぱっと見の派手さでは負けたくない」「敵モンスターの数をより多く画面に映し出したい」など、判断軸自体は自分たちが超えたいことでさえあればなんでも問題ありません。

ライバルとなるものは、ゲームだけに限らず、画として比較できるものであればなんでもかまいません。映画やドラマ、アニメやマンガ、検索してでてきた画像や自分で撮った写真など、なんでもありです。

対象が決まればあとは、**自分たちのゲーム画面と、ライバルとを両方画面に映し出して見比べるだけ**です。

見比べれば、自分の作っているものが、どのような状態にあるかが一目瞭然となります。ライバルに負けないほど、「十分にかっこいいのか」「より派手に見えるのか」「よりたくさんの敵モンスターの数が出ているのか」など、誰の目で見てもその結果は明らかとなるでしょう。ライバルと比べ、引けを取らない状態ならば合格といえますが、もしそうでないと感じた場合は、なにかが足りていないということです。

実際にこれをやると、わかってはいたが言いづらかった部分や自分にとって都合の悪い部分まで含め、ライバルに負けている部分が一目瞭然になって浮き彫りになります。その結果、厳しい現実を突きつけられる場面も出てくるでしょう。

ただそれでも、実際に目で見て比べることで、なにが足りないのかを自分だけでなくそれを見たチームメンバーも含め、具体的に気づきやすい状況を作り出せます。そうして共通認識を持てさえすれば、あとはよりよくするために改善していけばよいだけです。

見比べてみて、その結果で判断を行う。それが「画面対決」を用いた客観視のやり方です。

対決結果を通じて、客観的事実に向き合う

最終的にプレイヤーが観るゲーム画面を判断基準に、客観的事実に基づいて開発を進めていくこ

のやり方では、「これはプレイヤーにとってこのように見えるから、こうするべきだ」といった、プレイヤー目線でのやりとりが生まれます。

ゲームデザイナー自身が個人の主観としてどう思っているかから、切り離された視点での会話がなされるようになるのです。

コミュニケーションにおいて生じる主観的意見の相違は、単なる一意見同士の対立から、気づけば意見を言う相手に対する否定や攻撃にまで発展しがちです。客観的視点を通じた事実に基づくやりとりは、ゲームをよくしていく手段としてだけでなく、**コミュニケーションを円滑にするためにも大いに役立ちます。**

客観視ツール その2「〝使場〟調査」

〝使場〟と〝市場〟

次に紹介するのは、ゲームデザイナーが自分自身の考えを、頭のなかで客観視するのを助けるやり方です。

それは、**「使場（しじょう）」という考えを用いたやり方**です。

業界やユーザーの動向などマーケットを表す意味の「市場」という単語は普段目にするものだと思います。その「市場」ではなく、ここで用いるのは「使場」という造語です。

使場＝プレイヤーが実際に遊んだ際の様子を、事前に予測する

まず「市場」と「使場」の違いについて説明します。

ゲーム開発において、市場を意識する場面にはなにかと多く出くわします。「ターゲットユーザーの規模」「類似タイトルの過去実績」「ゲームジャンルやプラットフォームのトレンド」「各種ランキングの状況」など、こうした市場に関する情報を目にしたり考えたりする機会はたびたびあります。

ゲームデザイナーが、こうした市場についての知識を得ることはとても大事なことです。しかし、それよりもさらにもっと大事になってくるのが、「使場」です。

つまりは、読んで字のごとく「使う場所」です。

ゲームデザイナーにとっては、ゲームが「市場＝マーケット」でどのように受け入れられるかといった話よりも、「**使場＝実際に使われている場面**」でどのように受け入れられるかが、開発現場という実戦ですごす日々においてはより重要です。

ゲームを遊ぶのはマーケットではなく、プレイヤーです。おもしろさを作り出す役割を担うゲームデザイナーには、市場以上に使場を、つまり**プレイヤーが実際に手にとっている場面を正確に事前予測すること**が求められます。作る前の段階

“使場”と“市場”の違い

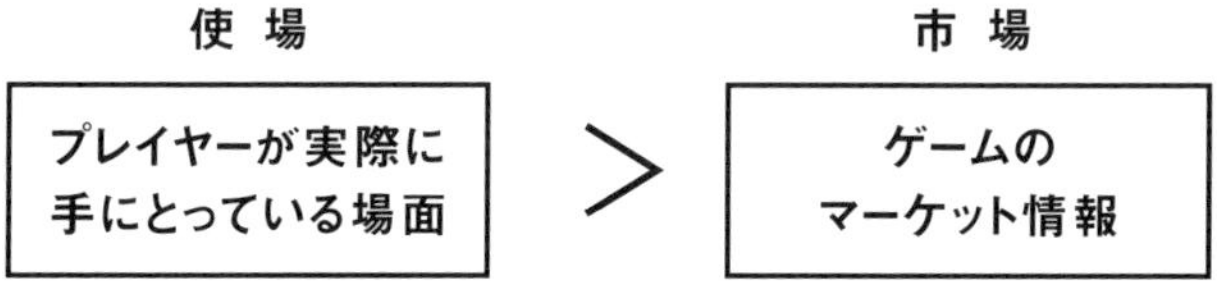

使場		市場
プレイヤーが実際に手にとっている場面	＞	ゲームのマーケット情報

ゲームデザイナーにとって
“使場”がより重要

で、完成したあと遊ばれた際にどのような反応を得るかを正確に想像できればできるほど、プレイヤーにとっておもしろいものを作り出せる可能性が高まっていきます。

頭の中のプレイヤーに、自問自答する

使場を考えるということは、まだできてすらいないゲームの完成像をイメージし、さらにはプレイヤーが遊んだ結果まで予測するわけですから、とにかく想像する力が問われます。想像する作業になるので、やることはゲームデザイナーが自身の頭のなかで、イメージしながら自問自答を繰り返すことになります。

自問自答をしろと言われても、頭のなかでただ漠然とイメージするのは難しいかもしれません。プレイヤーが実際に手にとって遊ぶ使場を、想像するのを助けるやり方があります。次の3つのステップにしたがって、使場を想像していきます。

1　プレイヤーを一人選ぶ
2　プレイする個所を絞り込む
3　プレイするのは30秒だけ

それぞれのステップで行うことを、これから説明していきます。

使場を考えるためのステップ1　プレイヤーを一人選ぶ

最初にするべきことは、遊ぶプレイヤーを少しでも**実在感を持ってイメージすること**です。漠然と「ターゲットユーザーが」とか「20代社会人男性が」といったイメージでは不十分です。プレイヤーは、ターゲットユーザーに最も近い、自分以外の実在の人物の中から設定します。知人友人、家族など、誰でもよいのです。もしずばり当てはまる人がいなければ、少しでもそれに近い人、もしくは近そうな人でも構わないので、必ず具体的な人物を設定してください。

使場を考えるためのステップ2　プレイする個所を絞り込む

プレイヤーの反応を想像したい要素を、具体的にピンポイントで絞り込みます。いきなりゲーム全体の感想をなどとすると、範囲があまりにも広すぎるため、慣れないうちはイメージすることは難しいです。

まずは「タイトル画面の見た目」「プレイヤーキャラクターの必殺技」「巨大ボスのサイズ感」といったように、要素を**小さい単位からひとつずつ想像**していき、それを積み重ねることで最終的に広い範囲をカバーしていくのが理想です。

使場を考えるためのステップ3

プレイするのは30秒だけ

使場での反応を得たい部分と、それを遊ぶプレイヤー両方が自分のなかで定まったら、次はそのプレイヤーがゲームを遊んでみた際の反応を想像していきます。

ここでも、ただ漠然と遊んでいる状況を想像するのではなく、**想像する時間を絞り込み**ます。具体的には30秒間とします。時間が短ければ、どんな反応を示すか想像する範囲も絞り込めますので、イメージしやすくなるでしょう。そして、想像した結果、自身のなかでどのような状況をイメージできたかによって、課題が浮き彫りになります。

自問自答の結果に応じて課題をみつける

自問自答できたら、想像できた結果を整理します。結果の内容に応じて、次にやるべきことが変わってきます。

まず、**あまり想像できなかった場合**の対応について。

使場の想像には、とにかく慣れが必要です。そのためには、プレイヤーを少しでも具体性を持ってイメージすることが助けになります。

自分がより想像できる人物で試してみたり、その人のことをもっと深く想像してみたりするなどして、まずなによりプレイヤーのイメージを自分のなかで確立してください。


次に、**狙い通りの反応が得られなかった場合**の対応について。

おもしろくないから飽きられた、好みではないからピンとこなかったなど、プレイヤーがなんらかの問題を抱えている場合です。

ポジティブな反応を得るためにはなにが不足しているのかを、想像のなかでのプレイヤーと向き合い、考える必要があります。


最後に、**狙い通りの反応が得られた場合**の対応について。

想像のなかで、うまくいったところと、なぜそれがうまくいったのかを、言葉にして明確化しましょう。そうした細かい履歴を積み重ねていくことで、使場を想像した際の傾向が徐々に自分のなかに蓄積されていきます。

また、実際にゲームがリリースされたあと、本当に想像が正しかったのか確かめることでも、使場を想像する力は鍛えられていきます。そうした意味でも、形に残しておくことは有益なやり方です。


ここで紹介したのは、あくまで使場をイメージするのを助けるひとつのやり方にすぎません。使場について考えられるようになるためには慣れも必要です。定型化したやり方を用いることで、使場について繰り返し考えることをやりやすくします。

使場をコミュニケーションに活かす

頭のなかで使場を自問自答して得た結果は、**客観的視点を持った仮説**となります。

使場を想像できるようになると、自分がなにをどう思っているかといった主観視点での話だけでなく、プレイヤーが遊んでなにをどのように感じるかといった客観視点でも話ができるようになります。「この部分は、プレイヤーがこのように感じるはずだから、この形が絶対に必要なんです」といったように、ただ自分の好みや思いを自己主張するだけでは生まれない、説得力につながってきます。

客観的視点で説得力を持って会話が行えるようになれば、それがチームメンバーとのコミュニケーションを円滑にする助けにもつながります。

客観視ツール その3「第三者視点」

自分以外の力を借りて、確実に客観視を行う

客観視するための最も簡単なやり方を、もうひとつ最後に紹介します。それは、自分以外の力を借りてしまうことです。

「同僚」「上司」「先輩」「後輩」「チームメンバー」など、開発中のゲームの状況を共有しても問題ない相手のなかで、できれば直接作業には関わっていない第三者から、文字通り客観的な意見をもらいます。

「第三者視点」に頼るのは、最も簡単な客観視のやり方です。

ただし、簡単ではありますが、万能ではありません。むしろ**扱いが難しい、諸刃の剣**ともいえます。自分以外からの客観的な意見は、その扱い方をよく理解していないと、大きな事故につながりかねないものです。

客観視のために、自分以外の力をどのように借りていけばよいのか説明します。

自分以外の力は、積極的に借りるべき

『コミュニケーションは、ゴールにこだわる』（▼P152）でも説明したとおり、ゲームデザイナーが仕事を進めるにあたっては、自分以外の力は積極的に借りるべきです。

ゲームデザイナーの仕事は、結果を出すことが大事です。**自分自身の手で成果を得ることにこだわる必要はありません。**逆に、自分自身でやることにこだわりすぎると、思い込みによって意固地になったり、問題を誰にも相談できず抱え込んでしまったりして、それが事故につながる場面も出てきます。

結果的にゲームがおもしろくなればそれでよいわけですから、必要に応じて自分以外の力を積極的に借り、意見を聞き、助けを得るべきです。

意見を聞くが、判断は決して委ねない

一方で、自分以外の力を借りるうえで、特に注意しなければならないことがあります。それは、**決めるのはあくまで自分自身**ということです。

他者に意見を求めれば、当然ながら色々な意見が寄せられます。誰かの力を借りようとすれば、そ

こからさまざまなアイデアを得られるでしょう。自分ではまったく気づかなかった視点からの意見には、なるほどと感心させられるものです。自分以外から得た意見の中から実際に採用していく場面も出てきます。

そうしたなかで強く意識しなければならないのは、意見を聞くことと、人に判断を委ねることは、まったく違うということです。

誰からどんな意見が出て、誰のどのアイデアを採用しようとも、最終的には、それを受け入れ納得した自分自身の決断としなければなりません。そして、それを今度は自分自身の言葉として、発する必要があります。

「○○さんがこう言っていたから」「○○さんが出したアイデアだから」といったコミュニケーションは、たしかに事実の一部を説明しているものではありますが、正確ではありません。それだけだと、自分で考えることも決めることも放棄しているとも受け取られかねません。

最終的にそれを決めたのはゲームデザイナー自身ですから、「○○さんからこういうアイデアが出て、それはよいアイデアだと思ったので採用することにしました」と、**ゲームデザイナー自身が意思決定に責任を持つ**必要があります。

他人の意見を自分の言葉に昇華させる

客観視は、自分以外の視点からの意見によって簡単にできてしまいます。

それがゆえに難しいのは、その扱い方です。
ゲームデザイナー自身が、客観的意見を咀嚼し、必要なものだけを選別し、自分の考えにまで昇華し、そして、**最終的には自分自身の言葉として発することが求められます。**自分以外の視点まで組み込んだうえで、自分の意見を相手へ伝えられれば、コミュニケーションに説得力が生まれることでしょう。

POINT

1 客観性によってはじめて、おもしろさに説得力が生まれる

2 「画面対決」で、超えたいライバルの画面と見比べ、客観視する

3 客観的視点に基づいたやりとりが、コミュニケーションを円滑にする

4 「〝使場〟調査」で、実際に遊ぶ場面を想像し、客観視する

5 自問自答して得た結果は、客観視の仮説になる

6 「第三者視点」で、自分以外の力を借りて、客観視する

7 自分以外の意見でも、自分の考えにまで昇華する

「すばやい意思決定」で確実に前進させる

"ゲームデザイナーの毎日は、
意思決定の連続である"

ゲームデザイナーは常に「決めること」を迫られる

「決まらない」がチームメンバーを確実に不安にさせる

ゲーム開発の過程において、ゲームがおもしろくなりそうかどうかという話と同じくらいにチームメンバーの不安や不満をもたらすのが、「決まらないこと」です。

決まらない状況というのは、「これで完成としていいのか?」「このやり方で進めるのであっているのか?」「いつまでにやればいいのか?」「どっちから進めればいいのか?」など、さまざまな局面において発生します。

結局のところ、作っているゲームがおもしろくなるかどうかは、完成して実際にプレイヤーに遊ばれるまで、誰も完全な答えを持つことができません。

そうしたなかでも、開発を進めていくためには、右へ進むか左へ進むか、**決めてしまわないことには始まりません。**

ゲームの内容や開発のやり方を問わず、なにかを決める意思決定の場面は日々訪れます。大小さまざまな意思決定が、開発現場の各所で毎日行われます。ゲーム開発とは、意思決定の連続によって進んでいくものです。

「決まらない」は、ゲーム開発を確実に遅らせる

決まらないこと、つまり、意思決定が行われないことはチームメンバーを**不安にさせるだけでなく、開発の進行に具体的な問題も引き起こします。**

例えば、作成したデータが完成なのかそうでないか決まらないままで置かれていると、あとで作り直しになった場合、その修正作業が発生するタイミングも後ろにずれこんでいきます。そうなると、当然ながらその修正作業に割り当てられる残り作業時間も短くなっていきます。たとえ時間が短くなっても、やらなければならないことが減るわけではありません。短い時間のなかでどうにかするために、深夜残業や休日出勤につながる場合や、逆にやるべきことを途中であきらめざるをえない場合なども出てきます。

決められないというだけで、こうしたリスクが確実に高まっていくのです。このような状況に陥らないためにも、決まっていないものがあった場合には、一刻もそれを早く決めることが、開発を前に推し進めるうえで重要です。

ゲームデザイナーの毎日は、意思決定の連続である

実際にゲーム開発に携わるとすぐにわかることですが、**ゲームデザイナーの毎日は、意思決定の連続**です。

ゲームデザイナーには、決めることが求められ続けます。

本来であれば、ディレクターやリーダーといった立場にある人たちが、意思決定を行っていく役割と責任を担って進めていくものです。しかし現実問題として、ゲーム開発のありとあらゆる場面で意思決定が必要になってくるため、そのすべてにリーダーだけで日々抜け漏れなく対応し続けることは不可能です。

そうしたなかで、現場を日々前に進めていく役割が、現場のゲームデザイナーに求められます。

決めるためには、まず決められない要因から取り除く

決めなければならないことがなにかは、作っているゲームの内容や開発の状況によってさまざまです。そして、その状況は日々刻々と変化し続けます。

たとえどんな状況に置かれようとも、確実に決められるようになるためには、意思決定のやり方を身に着けておくことが大事です。

決めるために確実にできることは、**決められない要因を取り除くこと**です。決められない要因が

少なくなればなるほど、意思決定を早められます。意思決定を行いやすくするための、決められない要因を確実に減らせるやり方を紹介します。それは、次の3つのツールを用いたやり方です。

- クイック&ダーティー
- ボトムライン
- 負荷分散

意思決定ツール その1「クイック&ダーティー」

情報が不足していると、決められなくなる

物事を決められなくする要因のひとつに、状況がわからないことによる不安があります。

「情報が足りないから決められない」「よく調べてみないと判断できない」「自分で見てみないとま

だわからない」といったように、さまざまな理由によって自分自身が状況を把握しきれないことで、意思決定が遅れていきます。

なにかを決めるうえで正確な情報を把握することは、一見正しいことのようにも思えるでしょう。しかし、ゲーム開発での多くの場面においては、必ずしもそれが正しい結果へつながるわけではありません。

状況の把握が断片的で不正確であったとしても、**少しでも早く決めたほうが結果的によりよい成果につながる**場合があります。

決められないことは、間違った決定をする以上の問題を引き起こす

ひとつの意思決定の遅れが、命取りになる場合もあります。

その例として、スマートフォンでの運営型タイトルにおける話をします。

運営型タイトルは基本的にいつでもゲームが遊べる状態であり、いわば24時間営業しているお店に、常にお客さんが来店し続けているようなものです。そうした状況のなかではときに、**「不正確な意思決定」よりも、「決めない状態のままでいること」のほうが、より大きな被害を引き起こすこと**があります。

もし24時間営業のお店でなにかトラブルが生じた場合、たとえそれが完璧な方法ではなかったとしても、すぐにトラブルに対処すれば、状況になにかしら変化をもたらすことはできるでしょう。な

にもできず手をこまねいていると、それによってトラブルが解消することはなく、逆にたいていの場合、時間が経つにつれ事態はより悪くなっていきます。そうしてより悪化した事態の最新状況を把握するために、また情報収集などを行っていると、その間にもまた時間が経ってさらに状況は悪化し……といったように、負の連鎖状態に陥ります。

これは運営タイトルに限らず、ゲーム開発においても同じです。開発も毎日毎日進み続けますから、決めるべきなにかを決められないまま放っておくと、そのぶんだけより事態が悪化しがちです。

不確実性のなかでの意思決定を身につける

「クイック&ダーティー」という言葉があります。完成度が多少低くても構わないから、極力早く形にするという考え方です。

荒くてもいいので、早く。

意思決定は、早さが命です。

物事を早く決めるためには、「不確実性のなかでの意思決定」という考え方を意識する必要があります。状況をすべて正確に把握できることはないと最初から考え、その前提で不確実ななかで意思決定していくという考え方です。

それを実行するうえで最も役立つのが、「**パレートの法則**」という考え方です。パレートの法則とは、イタリアの経済学者ヴィルフレド・パレートが発見した法則で、「80：20の法則」などとも呼ばれています。

全体の数値の大部分は、全体を構成するうちの一部の要素が生み出しているという理論で、もう少し具体的に説明すると、例えば全体の売上を100%とした場合、そのうち80%を生み出すのが20%の要素で、残りの20%の売上を生み出すのが80%の要素になる、といった考え方です。つまり、重要となる20%を押さえられれば、それによって80%の成果を生み出せるのです。

この考え方は、ゲーム開発においてもそのまま適用できます。

例えば、ゲームを構成する要素全体を100%とした場合、おもしろさの80%は20%の要素から生み出され、残り20%のおもしろさが80%の要素から生み出されます。

決められない人に限って、最初から100点を目指します。そして100点がとれる状況になるまで行動が起こせません。

一方で、すばやく正確な意思決定を行うために

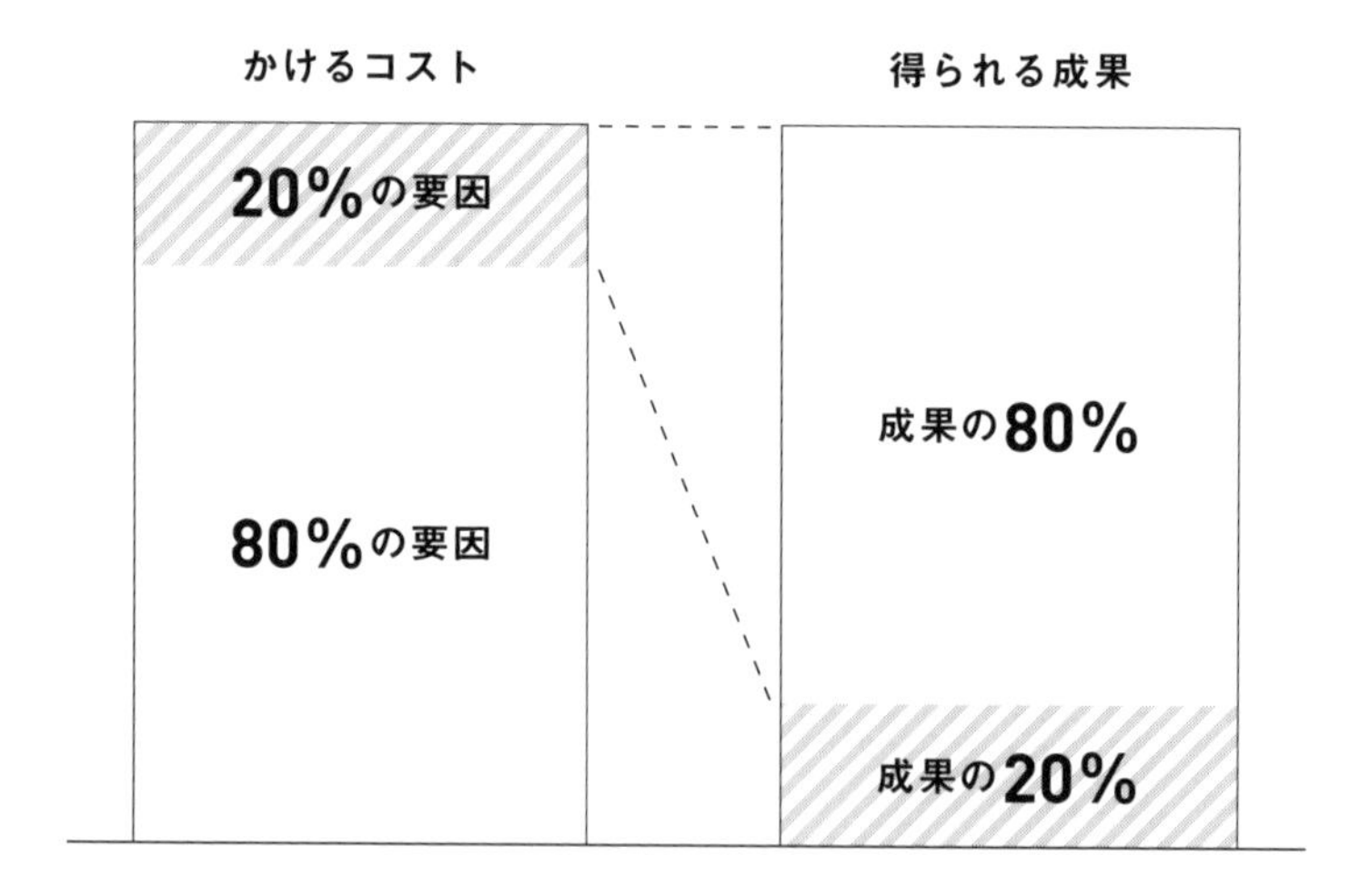

は、まず80点をとるための20％を見抜くことが大事です。まず20％を決め、あとで残りの80％を決めれば、最終的に100点をとることもできます。

20％を見抜くコツは、判断対象となる要素をすべて並べて、まず「80点を生む20％側か」「20点を生む80％側か」のどちらかに必ず振り分けていくことです。そして、振り分けていった結果の数の比率が8：2になるまで、精査していきます。

ほかのやり方としては、「100点」を持ち点として各要素に振り分けていくのもよいです。10個の要素があった場合、全部が10点ずつにしかならない、ということもないでしょうから、点数が大きいもの、少ないものを考えながら、100点を振り分けていくことで、大事な部分が見えてくるはずです。

問題解決するための状況把握においても、やり方は同様です。大事な20％の情報さえ把握できていれば、意思決定に必要な全体の80％の情報を得たのと同じです。**費用対効果の最も高い20％を見抜くこと**ができれば、意思決定を圧倒的に早められます。

チャンスの神様には前髪しかない

「チャンスの神様には前髪しかない」という言葉があります。

チャンスが目の前にあっても捉えられるのは一瞬であり、あとから振り返ってもそのチャンスは捉えられない、という意味の言葉です。

きちんと把握もせずに決めて大丈夫なのかと不安に思うかもしれませんが、**迷っている時間があるならば、まず行動を起こすこと**が大事です。丁寧に時間をかけ完璧を目指すくらいならば、雑でもいいからとにかくまず早く動くことを意識しましょう。

意思決定ツール その2「ボトムライン」

うまくいかなかったときのことを想像すると、決められなくなる

物事が決められなくなる要因のひとつに、うまくいかなかった場合に対する不安があります。「決めて進めたことが間違っていたらどうしよう」「うまくいかなかったらどうしよう」「もっといい方法があるのではないだろうか」といったたぐいの不安です。

ゲーム開発には絶対の正解もなく、行く先の見えない不確実な要素がつきまといます。うまくいくこともあれば、うまくいかないこともあるでしょう。そのなかで最善の手を尽くそうと努力する

わけですが、うまくいかないかもしれないからどうしよう、と**不安を抱いていて手をこまねいている間にも、どんどんうまくいかなくなる可能性があがっていってしまう**のは皮肉な状況といえます。

一刻も早く意思決定をしていくためには、不安をコントロールすることが重要です。

決めるためには、不安に正しく向き合う

不安をコントロールしていくためにまず、そもそも不安はどのように生まれるのかを理解する必要があります。

不安とは、期待の裏返しです。

なにかに期待するからこそ、その期待通りにいくかどうかに対して不安が生じます。

ゲームデザイナーの仕事は、自分が実現したいことをチームメンバーの手に委ねるのが基本となります。つまり、自分自身の頑張りようでは、どうにもならないことがほとんどです。「最悪の場合、自分が頑張ってどうにかすればいい」といったことも期待できないため、立場上不安を抱きやすい環境にあります。

だからこそ、不安と正しく向き合いながら意思決定を行っていけるやり方が必要です。

高すぎる期待が、不安を引き起こす

やり方の前にまず、意識の部分で理解してほしいことがあります。

ゲーム開発において、ゲームデザイナーが企画発注段階で**想像した100点満点のものが、実際に100点の状態で出来上がってくることはまずありません。**

それはなにも、チームメンバーの能力が至っていないからといった話ではなく、ゲームデザイナーが頭のなかで自由自在に想像している理想の状態を、現実が超えていくのは難しい、ということにすぎません。

そうしたなか、100点になることを期待すること自体、そもそも間違った考え方です。実現性の低い非現実的な事柄に対して、不安を抱いたり、どうにかしようと時間を費やしたりする行為は、残念ながら無駄以外のなにものでもありません。

ゲームデザイナーとして理想を追いかけたい気持ちも十分理解できますが、残念ながらその理想は自分にとってだけでなく、叶いもしない期待を押し付けられた相手側にとっても、非生産的なものといえます。

加点方式で、物事を考える

実現する可能性の低い、100点を追い求めるような考えに陥らないための、やり方があります。

それは、**「100点をとれなければおもしろくならないもの」**ではなく、**「及第点以上をとれればおもしろくなるもの」を考えること**です。

この及第点として定めた基準を、「ボトムライン」と呼びます。

ボトムラインは、最悪それ以外の部分をすべてあきらめたとしても支障がない、最終防衛ラインのようなものです。

ゲームデザイナーとしてできることは、ボトムラインに達したぶんだけでも十分におもしろさを担保できるように、あらかじめ考えておくことです。「この部分は間に合わなくても遊びは成立する」「ここは数量が揃わなくても、ある程度楽しめる」といったように、最悪の事態が重なりに重なった場合でも、おもしろさを担保できるようにあらかじめ考えておきます。

実際は、ボトムライン以外の部分がなにもかも作れずに終わるということはそうそう起きません。ただそれでも、最悪中の最悪の状況を事前に想定し、それに備えたゲームデザインを行っておくことで、もしも本当に最悪の事態が起きたとしても、最低限のおもしろさを担保できます。

つまり、100点満点からの減点方式ではなく、ボトムラインからの加点方式でゲームデザインを積み上げていくことが、不安に向き合ううえで重要です。

おもしろさを構成する核を見極める

なにをもってボトムラインとするかは、作っているゲームの内容や状況によりけりです。

ボトムラインを正しく設定するうえで大事なのが、おもしろさを構成する要素と**その核となる部分がどこなのかを見極めること**です。

核を見極めるコツは、「あれも必要」「これも大事」「これはあったほうがよい」とおもしろさを積み上げで考えがちなところを、あえて厳選していくことです。

もし仮に、たったひとつしか残せないとしたら、なにを残しますか？　大事なことベスト3を選べと言われたら、どれを選ぶでしょうか？　方法はなんでもよいですが、積み上げた状態から絞り込んでいったものこそが、核となるものでしょう。

最悪の事態でも大丈夫になるよう備えておけば、たいていの場面で臆することなく意思決定を行えるようになります。ボトムラインから積み上げていき、最終的には１００点を目指していきましょう。

意思決定ツールその3「負荷分散」

決めることに腰が重くなって、決められなくなる

物事が決められない要因を、もうひとつ紹介します。

決める作業に取り組むことそのものに対して、腰が重くなってしまうケースです。

決めなければならないことは頭で理解していて、決める意思もあり、自分のなかでそれをどうするか考えも決まっていながら、いざそれを決定し**実行しようとすると腰が引けてしまう場合**があります。

意思決定が必要となる場面というのは、たいていの場合は、ぎりぎりの状況であったり、なんらかのトラブルに見舞われている最中であったり、大きく舵を切るような局面だったりと、心理的プレッシャーを感じるような状況が多くなります。

そうした状況では、意思決定を行うことへの心理的ストレスやハードルも自然と高くなっていきます。プレッシャーがあるがゆえに、決めること自体を尻込みしてしまう気持ちは理解できますが、前述のとおり、決めないことによって事態はさらに悪化していくわけで、悪化後の意思決定の場面ではさらに大きなプレッシャーがかかる状況になってしまいます。

そうした状況と向き合うため、ここでは、決めるための心理的な負担を減らすやり方を紹介します。

それは、**あらかじめどう決めるかを決めておく**ことです。

決める局面より前に、決められることは決めておく

決めなければならないことの量が多ければ多いほど、決める際の負荷は増えます。同様に、決めなければならないことの規模が大きければ大きいほど、決めるのに要する負担は増えていきます。

実際に決める局面における心理的負担を最小限に減らすためには、決める局面に至るより前の段階で、あらかじめ準備しておくことです。

「こういう状況になったらこうしよう」「あそこで問題が起きたらこう対処しよう」というように事前に想定を立てておきます。事前の想定でカバーした範囲が広ければ広いほど、いざ決めなければならない局面になった際に、焦ったり思案したりするような状況も減っていきます。意思決定を行う場面になってはじめて考え始めることを極力減らしておけば、決めるための負荷を確実に減らせるのです。

準備の段階であらかじめ考えたり悩んだりしておくわけですから、負荷分散を行っただけです。本当に負荷が減るわけではなく、あくまで負荷が発生するタイミングを分散したにすぎません。

それでも、**プレッシャーのかかる局面で考え始めるより、だいぶ余裕を持った準備や判断が行える**でしょう。

事前に決められるリストを、充実させていく

決めなければならないことに対する準備をあらかじめしておくうえでのコツは、リスト化しておくことです。

「もしスケジュールが間に合わないとなった場合は、どの要素からカットしていくか?」「緊急事態が発生した場合には、まず誰にどのように連絡をいれるか?」といったように、あらかじめ決めておけることをリスト化しておきます。

目で見える形にしておくことで、決めなければならないことに対する心理的な準備も行えます。決めなければならないこと自体、開発を進めていくなかでどんどん増えていくでしょう。それにあわせて、**リストも必要に応じて更新し続けます。** リストが充実していけば、ノウハウとして蓄積されていく部分も増えていきますので、徐々に意思決定に負担を感じるような場面も減っていくことでしょう。

1. 「決められない」が、ゲーム開発に問題を引き起こす
2. 決められない要因を減らせば、意思決定は確実に行いやすくなる
3. 「クイック&ダーティー」で、不確実な状況のなかで意思決定を行う
4. 「パレートの法則」で、80%を解決する20%の部分を把握する
5. 「ボトムライン」で、物事を加点方式で考える
6. おもしろさの核となる部分を見極める
7. 「負荷分散」で、決められることはあらかじめ決めておく
8. 事前に決められることを、リスト化する

「問題解決」の選択肢を増やす

”ゲームデザイナーは、常にすべてを捨てる覚悟を持っておく“

ゲーム開発はうまくいかなくて当たり前

問題は発生すること前提に、準備をしておく

『80点がとれずに力尽きる、ゲーム開発の実情』（▼P035）でも説明したとおり、繰り返しになりますが、ゲームとは完成しない可能性が本当に高いエンタテインメント作品です。

おもしろいゲームにすることももちろん難易度の高いことですが、それ以前に、そもそもどんな形であれ、ただ完成させるだけでも非常に難易度が高いです。

そして、開発は数年単位の長期間に及び、プロジェクトの規模次第では百人以上の人数が関わるわけですから、ゲーム開発の過程では大小さまざまな問題が発生し続けます。どんなに入念に事前準備しても、色々と先回りして対策をとっていたとしても、想定通り進み続けることなどほとんどありません。これまでさまざまな修羅場をくぐり抜けてきた手練たちが集まった開発チームであったとしても、予測不可能な問題は必ず発生します。

ですので、ゲーム開発においては、はじめから問題は発生するものという前提のうえで、**発生を**

防ぐ予防策以上に、問題解決に対する準備が重要です。

チームメンバーは身近な問題ほどゲームデザイナーを頼りにする

ゲーム開発の過程で発生するさまざまな問題は、誰がどのように解決していくものなのでしょうか？

ここでいう問題解決とは、学校の試験問題のようにあらかじめ問題に対する正解がひとつ決まっていて、その正解を探し当てるたぐいの作業とはまったく異なります。正解のない問題に対して、結果が出てみるまであっているかどうかもわからないなかで、解決に導くことが求められます。

そしてその役割を、チームメンバーはゲームデザイナーに期待します。

「あれはどうなっているのか」「ここはどうしたらいいのか」「こんなふうになってしまっているのだが、大丈夫なのか」など、ゲーム内の話にとどまらず、作り方や進め方などの話題まで含め、開発現場での課題や疑問がさまざまな方向からゲームデザイナーのもとに寄せられます。

本来であれば、リーダーやマネージャー、ディレクターやプロデューサーといった職位を持った人が、解決に当たるべき問題もあるでしょう。ですが、発生した問題のすべてで毎回然るべき人にお伺いを立てていては、現場は立ち行きません。その場で起きた問題は**その場で解決するくらいの、スピード感や小回りの良さが重要**です。ゲームデザイナーには、そうした部分を補う役割が期待されるのです。

問題解決の技法は、知れば知るほど解ける問題の幅が広がる

問題解決には、やり方が存在します。

ゲーム開発から離れた視点で見てみると、古今東西さまざまな問題解決の技法がビジネス書などでノウハウ化されています。「問題解決」のキーワードをオンラインストアで検索にかけてみれば、さまざまな書籍がリストアップされるでしょう。

そういった書籍のノウハウの多くが、ゲーム開発においても大いに役に立ちます。**ゲーム開発の実戦を経験せずとも、書籍を通じてさまざまな問題解決の技法を身につけられます。**ゲームデザイナーとして、そうした有益なノウハウはぜひ身につけておきたいところです。

問題解決の技法を身につけることは、方程式の解法を学ぶ感覚に近いです。数式を解いていく場面において、知っている方程式の種類が多ければ多いほど、解ける数式の範囲が増えていくのと同じです。

問題解決の技法は、方程式のようにノウハウ化されています。技法を知っていれば知っているほど、解決できる問題の幅や速度、精度を高めていけます。技法を身につけておけば、どうやって解決していけばよいか事前に頭を悩ませることが減り、問題解決のための実作業により時間を費やせるようになります。

問題はたいていの場合、時間が経てば経つほど大きくなっていきます。迅速な解決によって被害を広げないためにも、悩まずにすぐ問題解決に取り組めることが重要です。

そこで、ゲームデザイナーにとっての問題解決において、特に役に立つやり方を紹介します。それは、次の3つのツールを使ったやり方です。

・ワーストケースシナリオ
・セーブポイント
・ロジックツリー

問題解決ツール その1「ワーストケースシナリオ」

問題発生初期段階での受け身が大事

問題を発生させないための予防は重要です。入念な予防策によって、問題の発生を減らすことはできるでしょう。

しかし、問題発生を完全になくすことはできません。

必ず発生してしまう問題と向き合っていくうえで、特に重要になってくるのが「発生初期の受け止め方」です。

予期せぬなにかが起きてパニックにならないためにも、なにが起きているかを早期発見、早期把握する必要があります。そのためには、**問題発生の初期段階で、問題に対する「受け身」をとれるかどうかが鍵を握ります。**

ゲームデザイナーの仕事のなかで、とりわけ取り組む機会が多くなる問題なのが、プレイヤーが想定したとおりに遊んでくれないことです。

「進行の障害として配置した敵に、出くわすことなく攻略してしまう」「ショートカットできる道を見つけ、マップを一気に通り抜けてしまう」といった状況が、テストプレイなど行った際にはじめて判明します。

ゲームデザイナーの意図した体験をプレイヤーに提供するためには、当然ながら改善のための打ち手を考え、実行する必要があります。こうしたゲームデザイン上の問題解決を例に、問題発生の初期段階でとるべき「受け身のとり方」について、説明します。

プレイヤーは、ゲームデザイナーの思い通りにはプレイしない

プレイヤーは、作り手の思い通りにゲームを遊びません。

これを理解しておくことが、ゲームデザイナーにとって最も大事な受け身になります。この前提に立って物事を考えられれば、ゲームデザインの面で発生するたいていの問題に対して受け身をとれるようになります。

プレイヤーがゲームデザイナーの思い通りにゲームを遊ばないことは、ゲームの攻略において特に顕著に現れます。

ゲームデザイナーは、プレイヤーがなにかを攻略するためにはなにかしらの〝適切な対価〟が必要になるよう、ゲームを設計します。「相手に攻撃を命中させるためのアクションスキル」「敵の強さに対抗するためのレベルあげ」「アイテムを購入するためのお金集め」など、対価の種類はさまざまです。

ただ、ゲームを遊んでいるプレイヤーには、ゲームデザイナーが設定した〝適切な対価〟は目には見えません。仮に見えたとしても、気にも留めないことでしょう。

多くのプレイヤーがゲームを遊ぶ際に考えることは、いたって単純です。

「どうしたら最小限の対価で、最大限の成果を得られるか？」につきます。

その結果、作り手がまったく意図しない攻略方法や、抜け穴やバグ技ともいえるような攻略方法まで、さまざまな遊び方をプレイヤーが発見していきます。ときにはそうした攻略方法により、ゲームデザイナーが設計したよりも、はるかに少ない対価で大きな成果を得ることを可能にし、結果的にゲーム全体のバランスやおもしろさを毀損することにまで発展します。

例えば、「たった10分で1億円稼げる、楽なお金の稼ぎ方」「ダメージをまったく受けずに確実に倒せる、ボスキャラの簡単な倒し方」といったたぐいの攻略方法が見つかってしまった場合です。

当然ながら、すべてのプレイヤーが自力で見つられるようなものでもありませんし、SNSや攻略サイトを通じてそれを知ったとしても、全員が全員それを実行に移すかというと、そうではないかもしれません。実際は一部のプレイヤーしか抜け道的な攻略方法を利用しなかったとしても、抜け道が存在しているという事実自体が、時間や努力を費やしてまで真面目に攻略するプレイヤーたちをしらけさせてしまう危険性があります。

正直者が馬鹿を見るような状況が生まれてしまうと、どうしてもそのゲームに対する熱量は低下しがちです。

また運営型タイトルにおいては、そうした事態が発覚した場合、対処のために批判も覚悟のうえでパラメータを下方修正したり、逆に一部の突出した抜け道に引きずられるようにほかのパラメータを全体的にインフレさせたりといった対応を行います。このように、一部の抜け道の存在が、結果的にゲーム全体を変えてしまうのです。

ゲームデザイナーが想定していないプレイのされ方を、想定しておく

その危険性は誰の目から見ても明らかであるにもかかわらず、なぜゲームデザイン上の抜け道は生まれてしまうのでしょうか？

その要因はさまざまですが、多くの場合、ゲームデザイナーが「自分の想定どおりに、プレイヤーが遊ぶ前提でしか物事を考えていなかった」ことに起因して発生します。ゲームデザイナーにとっ

て都合のよい状況しか想定していないために、それ以外のことがすべて想定外となり、その想定外のなかにゲームのバランスが壊れてしまうような潜在的リスクをはらんだ抜け道が混入してしまうのです。

想定していない問題が発覚した際に、なぜそれが起きたかわからないと早期解決を難しくします。これが受け身のとれていない状況です。

ゲームデザイナーに必要なのは、プレイヤーが想定どおり遊んだ際にどうおもしろくなるかを考えるのと同時に、**想定しない遊ばれ方をされた際に問題が生じないかもあわせて考えておくこと**です。

例えば、バトルに登場するボスキャラクターを企画していたとしましょう。プレイヤーとボスがどんな攻防を繰り広げられたらバトルがおもしろいかを考えると同時に、「プレイヤーが一切戦おうとせずに、逃げ回っていたらどうなるのか?」「プレイヤーがただひたすらボスキャラクターの頭上を飛び越え続ける行動をとったとき、ボスのＡＩはそれに正常に対処できるだろうか?」「プレイヤーがマップの隅の安全地帯から遠距離攻撃を打ち続けた場合、一方的に倒されてしまわないだろうか?」といった、多くのプレイヤーがゲームを純粋に楽しむうえでは絶対にやらないであろう状況まで想定していきます。

ワーストケースシナリオ、つまり、最悪の事態までを想定しておくのです。ゲームデザイナーにとって、おもしろさを作るということは、おもしろくなくしてしまう可能性を摘み取る作業でもあるのです。

不都合な状況に、積極的に目を向ける

ゲームデザイナーにとって不都合な状況に、前もって積極的に目を向けておくこと。これが問題解決における「受け身」の考え方です。

例としてあげたバトルの攻略以外にも、この考え方を活かすことができます。「チームメンバーに企画内容を説明したが、自分の思いとまったく違う意図で伝わっていないだろうか？」「もしも締め切りまでにデータが上がってこなかった場合、そのあとに続く作業はどのように進めるべきだろうか？」といったように、対象がなんであれ**自分の想定とは違う展開が起こりうることにあらかじめ目を向け**、受け身をとる準備をしましょう。

問題解決ツール その2「セーブポイント」

解決できない問題も存在する

たとえどんな予防や受け身をもってしても、どうしても問題が解決できない場面は必ず訪れます。あきらめずに絶対解決してみせる、といった強い気持ちを持つことは、意気込みとしては大事なことです。

ただ現実問題として、解決不可能としかいえない課題に直面することも出てきます。解決の見通しが立たない状況に陥っているにもかかわらず、是が非でも解決してみせると思い続けることで、別の可能性、つまり、問題解決をあきらめ新しい形でやり直すといった選択肢を奪うことになります。意思決定をずるずる引っ張り続けることによって、その決断に至るまでの被害も広がっていきます。

問題解決にあたっては、ときに**解決できないという判断を下すことも重要**です。解決できないという言葉からは、なにかネガティブな気持ちであきらめたような印象を受けるかもしれません。しかし、ゲーム開発においては、ときに勇気ある撤退を決断しなければならない場合があるのです。

ネガティブな決断には、心理的負荷はもちろんのこと、関わったチームメンバーへの説明責任など、さまざまな観点から大きな労力を必要とします。ですので、どうにもならなそうなことがわかっていながらも、現実に目を背け、見て見ぬ振りをしたくなるような場面も出てくるでしょう。

そうした状況を少しでも助けるために、解決できない問題に対する意思決定を行いやすくするためのやり方を紹介します。

全部捨てる覚悟を、常に持っておく

はじめに、心構えについて知っておいてほしいことがあります。

それは、常にすべて捨てる覚悟を持っておくことです。

常に、すべて、です。

ゲーム開発において、それがなんであれ作り進めていくと「サンクコスト」というものが生じます。「どうやっても取り返すことのできないコスト」という意味で、時間やお金、労力などすでに費やした投資に関しては、費やしたという事実は変えようがないということです。

ゲームデザイナーにとって特に注意したいサンクコストが、「思い入れ」です。

「一生懸命作ったから」「ずっとやりたかったことだから」「〇〇さんがすごく頑張ったから」「ここまでくるのにあんなにも大変だったから」といったさまざまな心理的要因から「費やした思い」も、サンクコストのひとつになります。

そしてこうした**思い入れは、意思決定における判断基準を歪ませる**要因になります。誰がどれだけ時間をかけてどう頑張ったかといった要素は、問題解決のための判断材料にはなりえません。思い入れのようなサンクコストによって、問題に対して正常な判断が行われず、開発が悪い方向へ進んでいってしまう場面は決して珍しいことではありません。

心情的にはそれも理解できます。一方で、論理的に考えると、うまくいく見通しの立たないものにこだわり続けるより、たとえこれまで費やした思いが台無しになったとしても、捨ててしまったほうがよい場面というのは確実に出てきます。

こうした状況に対処するためには、最悪の場合全部捨ててやり直す、という覚悟をはじめから持っておくことです。思い入れも同じくらい強く持ってもらってかまいません。ただし必ず、全部捨てる覚悟もあわせて持っておいてください。

捨てる際の巻き戻し地点を、あらかじめ設計しておく

心構えと同時に大事になってくるのが、すべて捨てるために必要な事前準備です。

すべてといっても、本当に文字通りすべてを捨て去り、開発の最初期まで振り出しに戻すような事態はそうそう起こりえません。

実際に起こるのは、例えば「作ったキャラクターをデザインしなおそう」「完成済みのマップの形状をゼロから作り直そう」「敵キャラクターの技を全部調整し直そう」といった大規模な手戻りといえる状況です。

そうした手戻りの可能性に対する事前準備としてできるのが、**巻き戻し地点を想定した作り方をしておくこと**です。それはゲームでいうところの「セーブポイント」のようなもので、「ここまで開発が進んだぶんは保持し、それ以降に進めたぶんは破棄される可能性がある」といったように切り分けます。たとえ一歩ずつでも、一要素ずつでもよいので、「これ以前にさかのぼって、変えることはさすがにはないだろう」という地点を、テストしたり、上長に確認したりしながら確定させ、少しずつ前進させていきます。

ゲームデザインの観点でも、「ここまではしっかり固め、これ以降の部分はあまり固めず最悪まったく別物になっても大丈夫」といったように、**変更に対する柔軟性のある作り方**をしておけば、巻き戻し地点まで手戻りすることへの、心理的ハードルも低くなるはずです。

変更に対して柔軟な作りを考えるうえでのコツは、どんな要素でも小分けにできる小さな要素の集合体からなっている、ということを意識することです。

例えば、敵キャラクターの場合。「見た目を構成する2Dデザインや3Dモデル」「動きを構成するモーションやAI」「性能を構成するパラメータや配置情報」といった要素の集合体です。モーションひとつとっても、「移動に関する動き」「攻撃に関する動き」「ダメージに関する動き」といった要素の集合体で構成されます。こうした単位での構造を理解しておけば、いざなにか問題が生じた際に「わぁ、敵キャラクター、全部作り直しだ！」と慌てることなく、要素単位でひとつひとつ見直しが図れるでしょう。小分けに切り離して作り直しができる部分が多いほど、柔軟性が高い状態といえます。そのためにもまずは、構造を小分けで理解できることが大事です。

「作り直し＝最初から全部やり直し」とは考えずに、「どこなら切り離しても全体影響は出ないか」「どことどこが関係しているから、直すなら同時に直さなければいけないか」といったことを、ゲームデザイナーがあらかじめ頭のなかで設計しておけたなら、捨てて手戻りするという選択肢も問題解決のための一カードとして使いやすくなるはずです。

問題解決の選択肢として、手戻りも考えておく

なにか問題が発生し、これから解決にあたっていかなければならないなかで、最初からそれがうまくいかなかったときのことも考えながら進めることになります。

それは消極的なやり方に思えるかもしれませんし、考えること自体あまり楽しいことではないかもしれません。しかし、捨てるべきものを捨てられず進んだ先には、確実に、もっと楽しくない状況が待ち構えています。

まだ発生していない将来のより大きな問題を未然に防ぐためにも、問題の解決をあきらめるという決断が下せるかが重要となります。**捨てることを常に手札に加え、問題解決における選択肢を増やす**ことができれば、解決できる問題の幅も広がっていくことでしょう。

問題解決ツール　その3「ロジックツリー」

解決すべき問題の本質を、まず正確に捉える

問題を解決するためには、解決に挑む前の段階でまずその問題の本質を正確に理解する必要があります。

表面上目に見えている問題と、実際にその問題を引き起こしている原因とがまったく異なる場合もありえます。解決すべきは後者のほうで、前者を解決しても対症療法にしかならないことが多いです。

例えば、バケツに水を入れた際の水の溜まりがどうも遅いとき、水をより早くたくさん入れようと試みるのもひとつの解決方法かもしれません。

しかし、実はそのバケツには穴が空いていて、そこから水が漏れていたとしたらどうでしょう？

表面上目に見える問題は水の溜まりが遅いことですが、実際にその問題を引き起こしているのは、水を入れる量や速度の問題ではなく、バケツに空いた穴のほうだということは理解できると思います。

問題の本質を理解しない状態というのは、バケツの穴に気づいていない状況と同じです。そして、その状態で水をさらに勢いよく入れ続けたら、勢いでバケツの穴がより大きく空いてしまうかもしれません。

本質を理解しないまま問題解決に取り組むということは、見当違いな対処での一時しのぎにしかつながらなかったり、事と次第ではさらなる別の問題を引き起こしてしまったりと、根本的な解決に至らない場合がほとんどです。**問題の本質を把握することは、解決に挑むうえで必要不可欠**です。

「ロジックツリー」を使えば、問題は可視化できる

問題の本質を確実に把握するための方法があります。

それは、問題を可視化することです。

可視化とは、文字通り目で見えるようにすることです。問題について頭のなかで考えるのもよいですが、紙でもホワイトボードでもなんでもよいので最終的に目に見える形で書き出していきます。

問題を正確に可視化さえできれば、たいていの場合は、なにをどう解決したらよいのかがある程度まで自然と浮かび上がってきます。つまり、この可視化のやり方さえ身につければ、問題解決に向け大きく前進できるのです。

問題を可視化する方法は色々ありますが、最も優れたやり方をひとつ紹介します。この節の冒頭で、「古今東西さまざまな問題解決の技法がビジネス書にてノウハウ化されています」と紹介しまし

ロジックツリーで「バケツに水が溜まらない」を可視化する

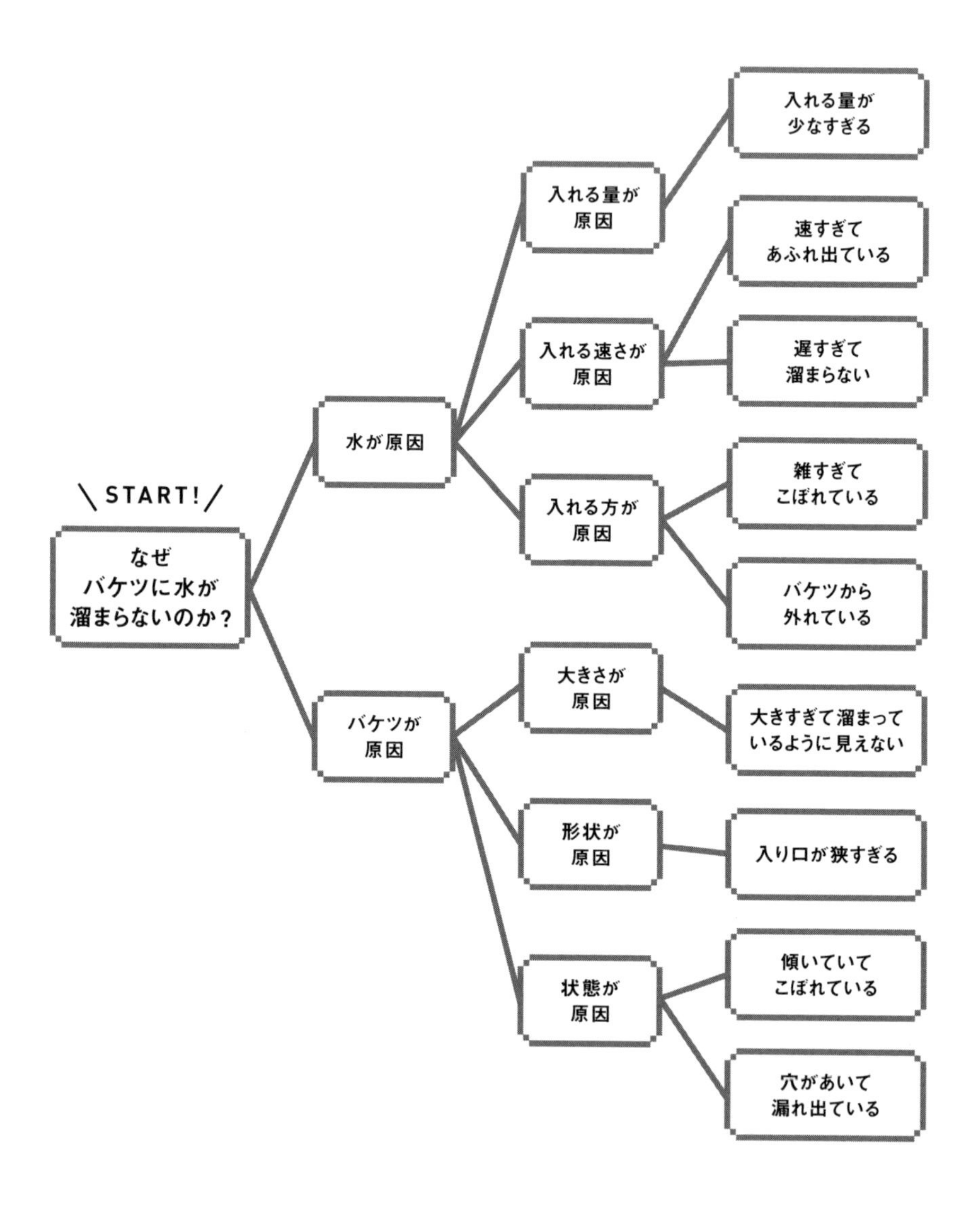

た。問題の可視化についても、長い歴史と多くの人によって研ぎ澄まされてきた、洗練されたやり方が存在します。

それが「ロジックツリー」というやり方です

あらゆる問題は、このロジックツリーという方法を使うことで、いとも簡単に可視化できてしまいます。ロジックツリーと、それを使った問題の可視化のやり方を紹介します。

問題はとにかく細かく要素分解していく

このようにロジックツリーとは、なにかを要素分解するためのツールです。

問題という大きく漠然としたものを、要素単位で「大から中」「中から小」「小から極小」へと、徐々に細かな単位へ切り分けていきます。細切れにバラしていくことで、本当はどこが問題なのかの本質が浮かび上がってきます。

ロジックツリーを使った要素分解を行ううえで重要なのは、とにかく網羅性を高めることです。より広く、より細かく、抜け漏れがないよう分解していきます。

一回で完璧な形にまで要素分解できなくても問題ありません。何度も入れ替えたり、見直したり、書き直したりして、だんだんと網羅性を高めていけば大丈夫です。

抜け漏れが多い段階で解決策を考え始めてしまうと、問題の本質からずれた解決方法しか生まれてこない可能性があります。特に注意したいのが、ロジックツリーに分解していく途中で、気になった課題に対して解決方法を考え始めてしまうことです。気づいてしまったものが気になるのは理解できますが、要素分解の途中で横道にそれることは、結果的にロジックツリーの網羅性の低下を招きます。

繰り返しになりますが、問題の本質を正確に捉えるためには、とにかくまずは**抜け漏れがない精度の高いロジックツリーの完成を目指しましょう。**解決に取り組むのは、本質が見えたそのあとでも遅くありません。

POINT

1 **ゲーム開発では、問題は常に発生し続ける**
2 **問題発生の予防以上に、問題解決に対する準備が重要となる**
3 **「ワーストケースシナリオ」で、問題に対する「受け身」をとる**
4 **ゲームデザイナーにとって不都合な遊ばれ方に、あらかじめ備えておく**
5 **「セーブポイント」で、巻き戻し地点を設計しておく**
6 **いくら頑張ったところで、解決できない問題は確実に存在する**
7 **「ロジックツリー」で、問題を可視化する**
8 **問題解決には、問題の本質を正確に理解する必要がある**

「コミュニケーション」は常にゴールを見据える

”「コミュニケーション」は常にゴールを見据える“

ゲームデザイナーは、チームメンバーと日々向き合う

ゲームデザイナーには、開発を導くコミュニケーションが期待される

ゲームは人が作り出すものであり、ゲーム開発が大人数による集団制作である以上、最後の最後は人と人とのコミュニケーションによって成り立っています。

どれだけ優れた企画でも、どれほど精鋭スタッフを集めても、どれだけ素晴らしい開発環境を整えたとしても、**チーム内でのコミュニケーションがうまくいかなければ、本来持っている力の半分すらも発揮できない**でしょう。

そんなゲーム開発において、チームのコミュニケーションの鍵を握るのが、ゲームデザイナーです。

チームを動かす役割を担うゲームデザイナーは、自然と開発現場における中心的な存在になっていくことが多いです。そんな中心にいるゲームデザイナーには、チームメンバーとのコミュニケーションを通じて日々さまざまな声や思いが聞こえてきます。ゲームデザイナーには、そうした声と

向き合いながら、ゲーム開発を前へ進めるべく、チームメンバーを適切な方向へと導いていくことが求められます。

開発を前進させるためはもちろんのこと、問題解決においても、そして、ゲームをおもしろくしていくうえでも、最終的に鍵を握るのは間違いなくコミュニケーションです。

コミュニケーションといっても、**ただ単にチームのみんなと仲良く楽しくしましょう、といったことではありません。**もちろん、そうした要素も重要ではありますが、ゲームデザイナーに求められるのは、開発を導くためのコミュニケーションです。

ゲームデザイナーは、ただの「いい人」になってはいけない

ゲームデザイナーに求められる、開発を導くコミュニケーションとはいったいどういうことでしょうか?

それを理解するためにまず、開発を導くこととは逆をいく、やってはいけないコミュニケーションから説明したいと思います。

ゲームデザイナーが開発を推進していくうえで、**最もやってはいけないコミュニケーションのひとつが、「話を聞きすぎること」**です。チームメンバーとのコミュニケーションというと、相手の話を聞いてあげることや、相手の意見を受け止めてあげたり、あるいはなにか提案があったら積極的に採用していったりを通じて、参加意識ややる気を醸成していくことを想像するかもしれません。

コミュニケーションを円滑にするという側面だけを見れば、それはひとつの正しいやり方です。ですが、忘れないでください。ゲームデザイナーの最も大事な役割は、ゲームをおもしろくすることです。チームメンバーとのコミュニケーションは、それを実現するための一要素にすぎません。

話をよく聞いてあげれば、コミュニケーションを通じてチームメンバーと良好な関係を築くこともできるでしょう。しかし、ときに話を聞くという行為が、マイナスに作用するケースがあります。

話を聞き、意見に同調はするが、特になにも解決しないただの聞き役になってしまうケース。どんな意見でもすぐ同調し、あらゆる相手に対し八方美人になった結果、いざ選択する段階になって決めきれないケース。困っていることや意見を受け、良かれと思って積極的に解決に動いた結果、主体性のないただの便利屋とみなされてしまうケース。

これらはほんの一例にすぎません。チームメンバーとのコミュニケーションは大事ですが、話の聞き方次第では、ゲームデザイナーに期待される役割、そして、果たさなければならない役割、その両方が果たせないコミュニケーションに発展しかねません。

ゲームデザイナーは、意見や話をなんでも聞いてあげる、**チームメンバーにとっての「ただのいい人」でいてはならないのです**。やってはいけないコミュニケーションとして、それだけは回避してください。

全員の意見を聞くことはできない

ゲームデザイナーがとるべきコミュニケーションは、ゲームが目指す目的地へとチームメンバーを導くためのコミュニケーションです。

それは決して、困っている相手をただ救ってあげるようなコミュニケーションではありません。目的地へたどり着くためには、進路を取捨選択する必要があります。皆が好き勝手に進みたい進路を意見しても、**取れる道はたったひとつだけ**です。残念ながら全員の意見を聞くことはできません。そのことを理解したうえで、ここからは、ゲーム開発においてチームを目的地へと導くために確実に役立つ、ゲームデザイナーがとるべきコミュニケーションのやり方を紹介していきます。それは、次の3つのツールを使ったやり方です。

- **ゴール第一**
- **合意点探し**
- **結果最優先**

コミュニケーションツール その1「ゴール第一」

クリエイティブに関する意見の相違は、ゲーム開発につきもの

ゲームデザイナーがチームメンバーとコミュニケーションをとっていくなかで、とにかくよく発生するのが、クリエイティブに関する意見の相違です。

とはいっても、それ自体は決して悪いことではありません。お互いよりよいものを作ろうと、**真剣な想いがぶつかり合った結果としての相違であれば、前向きで健全なこと**です。むしろそうしたやりとりが数多く発生してこそ、ゲームはよりよいものになっていきます。

ただし、そうした意見の相違を最終的に収束させ、採用されなかった側も前向きな気持ちで、引き続き開発に向き合える場合に限ってです。

というのも、実際にそうはならない場合も多々あるからです。

主観的主張のぶつかり合いは、チームに悪影響をもたらす

クリエイティブに関する意見の相違は、主観に基づくそれぞれの主張と、そのぶつかり合いによって生じることが多いです。

クリエイティブの領域では定量的な説明が難しく、また企画段階では目に見える形で実際に比較することもままならないため、気づけば「私はこっちのほうがかっこいいと思う」「僕はこのほうがよいと思う」「自分はこれがうけると思う」といった、個人個人が私見を披露する話に終止しがちです。

その状況に対し、ゲームデザイナーまでもが「僕はどれもいまいち、まだしっくりきてないんだよね」といった主観によるコミュニケーションをとり始めると、単なる好みの主張し合いに陥り、収拾がつかなくなってしまいます。

そして、こうした主観を軸としたコミュニケーションが開発チームに浸透していくと、最終的には誰かの好みの一存ですべての物事が決まっていく開発スタイルとなっていきがちです。

そのような属人的な状況になってしまうと、ゲームデザイナーがコミュニケーションによって開発を適切な方向へと導いていくことが、困難になってしまいます。

さらにひどい状況として、**属人性が高まっていった先に行き着くのは「誰が発言したか」で物事が決まっていく開発現場**です。そうなってくると、もはやチームメンバーのモチベーションは維持できなくなり、当然ながら作っているゲームのクオリティも低下していきます。

そうならないためにも、ゲームデザイナーが率先して、あるべきコミュニケーションの姿をチー

ムメンバーへ示し、浸透させていく必要があります。

ゲームデザイナーは、ゴールを基準としたコミュニケーションを徹底する

あるべきコミュニケーションとは、「ゴール」を基準としたコミュニケーションです。これをチームに浸透させられるかどうかは、ゲームデザイナーにとって死活問題といえます。

ゴールの重要性については『**「ゴール設定」からすべては始まる**』（▼P090）で触れました。ゴールとは、あらゆる局面において、なにが正しいかを決める判断基準です。したがって、開発に携わる全員にとっても、意思決定の判断基準となるべきものです。

ゴールを基準にしたコミュニケーションとは、**「ゴール達成に、より貢献するのはなにか？」を最重要の判断基準としたコミュニケーション**です。

『**アイデアは必ずゴールに向ける**』（▼P108）で例としてあげた「世界一怖いホラーゲーム」に当てはめていうと、「組み合わせ無限の変身システム自体はよいアイデアだと思うが、特に怖くなる要素がないので、このゲームでは採用できない」「主人公をか弱い存在に変えたほうが、恐怖を感じた際に声をあげやすいだろうから、変更したい」といった形で、ゴールを基準に、それに対してなにがよいのか、なにがよくないのか、なにが足りていないのか、なぜよりよくなるのかといったコミュニケーションをとります。「私の案とあなたの案、どっちがよりおもしろいか」といったそれぞれの主観的な思いでのやりとりではなく、とにかくゴールを基準にした会話を徹底していくのです。

ゴールという全員の目に見えるひとつの共通目標を掲げることで、個々人の意見や思いをゴールの方向へと、つまりゲームが目指す目的地の方向へと向けていけるのです。

開発チーム全体でこうしたコミュニケーションがとられる状況を作り出すことさえできれば、ゲームデザイナーとしてすべきことは、なにがゴール達成により貢献できるかの判断だけになります。意思決定を行う際に、ゴールへどう貢献するのかが説明できたならば、その結論をチームメンバーも納得感を持って受け入れることでしょう。

ゴールへの共感と合意によって、コミュニケーションを成立させる

ゲームデザイナーの努力のほかに、ゴールを軸にしたコミュニケーションを成立させるために必要なことがあります。

それは、**チームメンバーがゴールを理解し、納得している状況を事前に作っておく**ことです。『**ゲームを階層構造で捉え、ゴールを決める**』（▼P094）でもお伝えしたとおり、ただ掲げられているだけで説明を受けてもいないゴールや、まったく納得のいっていないゴールを軸としていては、いくらそれを基準としたコミュニケーションを徹底していたとしても、当然ながら成立はしません。ゴールをただ説明するだけでは不十分で、理解や納得のほか、浸透させ続ける努力も必要です。また、開発が進むなかで忘れられてしまわないための努力も必要です。

ゲームデザイナー自身がまずゴールを第一にしたコミュニケーションを繰り返し続けることは、

ゴールをチームメンバーに浸透させていくことにもつながります。ゴールを基準にしたコミュニケーションは、徹底と繰り返しを根気強く続けることではじめて実現するものです。

コミュニケーションツール その2「合意点探し」

対立は必ず発生する前提で考える

人と人とがコミュニケーションをとる以上、たとえどんなやり方を駆使したとしても、意見の相違や対立を完全にゼロにすることはできません。

実際のところゲーム開発の現場では、意見の相違や対立は当たり前の光景です。そうしたコミュニケーションが積み重なった結果、ゲームが完成へ向けて一歩ずつ前へと進んでいくものでもあります。

意見とは本来、それを発した人物とは切り離されて考えられるべきものです。

意見はあくまで意見にすぎず、その人の人格を象徴するものではありません。であるにもかかわらず、特に意見の対立が大きくなればなるほど、気持ちの部分で人と意見を切り離して考えるのが難しくなっていきがちです。

意見の相違がやがて感情的な対立を招き、最悪の場合、「あいつの意見だから嫌だ」「あの人とはもう仕事したくない」といった、こじれた状況に陥ってしまいます。

「坊主憎けりゃ袈裟まで憎い」ということわざがあります。その人を憎むあまり、その人に関係のあるものすべてが憎くなるという意味です。一度人間関係が破綻してしまうと、相手の発言、態度、仕事ぶり、作るものなどなにからなにまで色眼鏡で見てしまう状態になってしまいます。

こうなると、ただコミュニケーションが破綻するのみならず、作るものの良し悪しの判断すらも正常ではなくなり、ゲームへ悪影響を及ぼします。

繰り返しになりますが、意見の相違や対立をゼロにはできません。

その前提を理解したうえでできることは、**対立が発生した際にそれを適切に解決すること**です。チームのコミュニケーションの中心に位置するゲームデザイナーとして、そのやり方を身につけておく必要があります。

対立が生じたら、必ず合意点を見つけ出す

意見の相違を解決していくのに有効なのが、「合意点探し」をするやり方です。

意見の相違が生じた際、もしどこか一箇所でも相容れない要素があっただけで、意見そのものがすべて噛み合っていない、と認識してしまう場合があります。

しかし実際にはたいていの場合、意見の全体を100とするとそのうちのいくつかが噛み合っていないだけで、100すべてが相容れないということはそうそうありません。

会話の冒頭で2、3個意見が噛み合わなかったことで、その先にある残り90個以上については議論もされないまま、噛み合わない2、3の部分だけに話題や意識が集中してしまいがちです。

場合によっては、意見100のうち、0から90まで相手との相違があるかもしれません。

そんな極端な場合だったとしても、噛み合う可能性のある残りの10に目を向けてみてください。

噛み合う場所を探して見つける、それが合意点探しです。

意見の相違点を見つけるのではなく、意見の合意点を見つけていくコミュニケーションのとり方です。少なくともどこは相違なく合意できるのかをまず探しましょう。

これをまず行い、100あるうちの**どこがどれだけ噛み合っているのかを明確にします**。明確にしたら、コミュニケーション相手とその点について「ここはOK」「ここは同じ意見」といったように共通認識をすり合わせていきましょう。

合意点に目を向けた前向きなやりとりを行っていけば、まず気持ちの面で少しコミュニケーションがとりやすくなるでしょう。少なくとも、意見がもの別れとなったことに端を発し、人格否定へとつながるような事態は回避できるはずです。

まず合意点を見つけてコミュニケーションの基盤をしっかり固めたのちに、相違点の解決に取り組む。この順番で進めていくことで、建設的なやりとりにつながります。

出来事と人物とを切り離して考える

「罪を憎んで人を憎まず」ということわざがあります。犯した罪は憎んで罰しても、罪を犯した人まで憎んではならないという意味の言葉です。

出来事と人物とを切り離すことは、意見の相違や対立が常に起き続けるゲーム開発において、大事な心がけです。

意見を否定されたとき、自分自身の能力や人格が否定されたかのように感じてしまうこともあるでしょう。ことわざが示すくらいに、出来事と人物そのものを切り離すのは難しいことです。だとしても、そうしたコミュニケーションは避けなければなりません。相違点より、まず合意点を。このコミュニケーションをぜひ身につけましょう。

コミュニケーションツール その3「結果最優先」

ゲームデザイナー自身の力量を、ゲーム開発の天井にしてはいけない

さまざまな専門家が一同に介するゲーム開発の現場では、ときに**自分の持っている知識や理解力の範疇を超えたやりとりが繰り広げられる**ことがあります。

各職種のエキスパートたちが集うなか、ゲームデザイナーがすべての会話についていくことは現実的に不可能です。チームメンバーとのコミュニケーションのなかでは、自分では理解や判断の難しい話題に出くわすことがよくあります。

チームメンバーから寄せられる意見やアイデアといった提案においても同様です。

自分にはまったくその良さがわからないが、メンバー間でおもしろいとものすごく盛り上がっているアイデアがあったとしましょう。それを採用しますか？　もともと自分がやりたいと思っていたことからは完全にかけ離れているが、どう考えてもすごくおもしろくなりそうなアイデアが提案された場合、どのような判断を行いますか？

自身にとってわからないことだらけであっても、ゲームデザイナーである以上、このようなコミュニケーションの矢面に立つ場面は避けられません。こうした局面において適切なコミュニケーションがとれないと、ゲームデザイナー自身の力量が、開発チームが発揮できる力量の天井となってしまい、ゲーム全体の足を引っ張る結果になりかねません。

そうした事態を回避するためにゲームデザイナーには、**自分の力量の範疇を超えた状況でもなお開発を推進できる、**コミュニケーションが求められます。

自分の範疇を超えたことは、ターゲットユーザー目線で考える

とはいえ、自分の力量が追いつかない状況のなかで、いったいなにを拠り所にコミュニケーションをとっていけばよいのでしょうか？

答えは、ターゲットユーザーのなかにあります。

あらゆることをターゲットユーザー目線で考えられれば、知識や経験の有無にかかわらず、ゲームにとっての良し悪しを判断できます。

ゲームがエンタテインメントである以上、結果の良し悪しはゲームデザイナー自身でも開発チームでもなく、ユーザーが決めます。ゲームを遊んでくれる可能性の高い「ターゲットユーザーがどう思うのか？」が、ゲームにとってすべてです。

「ゲームの情報を知ってどう思ったか？」「ゲーム画面や動画を観てどう思ったか？」「実際に遊ん

でどう思ったか？」「遊んだあとどう思ったか？」「遊んでいるほかの人を見てどう思ったか？」など、「ターゲットユーザーがどう思うのか？」にもさまざまな側面があります。

どの場合においても、ターゲットユーザーの受け取り方がそのゲームの評価となります。

ターゲットユーザーが目にするものは、製品として完成した状態のゲームです。当然ながら、それを評価するのに、専門知識や開発経験といった知見は必要ありません。ゴールなど制作上の狙いを意識する必要もなければ、もともとなにがやりたかったといった作り手の思いなども知る必要もありません。

であるならば、それがたとえ開発中の段階であったとしても、純粋に物事をターゲットユーザー目線で見ることさえできれば、ゲームにとってなにがよくてなにがよくないかの判断が行えるはずです。

ターゲットユーザーにとっての正解はなんなのか。これを基準に考えていくと、自身の知識や経験に左右されることなく、ことの本質に向き合うことができます。

開発途中のバージョンをプレイしたチームメンバー全員から「こんな難易度は難しすぎる！」と言われたとしましょう。自分自身も一プレイヤーとして難しいと感じていたとします。

それでも、その難易度がターゲットユーザーにとって正解と思うならば、貫き通す必要があります。たとえチーム全員から反対意見があったとしても、その全員がターゲットユーザーと同じ属性だといったことでもない限り、耳を貸す必要はありません。

多数決で成功へ近づけるほど、ゲーム開発は簡単ではありません。

先輩や上司、知識や経験豊富なベテランメンバー、有名ヒットタイトルに携わった経験を持つスタッフ、誰の意見だとしても、ゲームにとって有益とは限りません。

繰り返しますが、ゲームの良し悪しを最終的に決められるのはターゲットユーザーだけです。

自分が結果を出すことより、最終的な結果こそを優先する

「勝てば官軍」ということわざがあります。勝負の内容はどうであれ「勝ちは勝ち」であり、物事は勝敗によってその善悪が決まるという意味の言葉です。

ゲーム開発においても、これは当てはまります。

ゲームにとっての勝敗は、ターゲットユーザーの手によって決まります。

ターゲットユーザーの視点に立って判断やコミュニケーションをとっていくということは、より勝率が高い選択をするための手段です。

ゲームデザイナーは、開発の過程において発生するさまざまな課題を、コミュニケーションを通じて解決する役割を担います。そうした役割も、最終的な勝利へと導くための一ステップにすぎません。

たとえ自分にわからないことでも、ターゲットユーザーの視点に立って物事を考えていくやり方を身につければ、どんなことに対しても常に勝率の高い選択ができるようになるでしょう。

そのうえで、どうしても理解できなかったり判断がつかなかったりする選択肢があった場合には、**素直に「自分にはわからないので、力を貸してください」と周りを頼ること**で、乗り越えていける

はずです。『ゲームを階層構造で捉え、ゴールを決める』（▼P094）でも説明しましたが、自分以外の力は積極的に頼っていきましょう。
エンタテインメントの世界は、ユーザーが下した結果がすべてです。結果最優先で考えることを、常に忘れずにいましょう。

POINT

1. ゲームデザイナーは、コミュニケーションによって開発を導いていく
2. ゲームデザイナーは、ただの「いい人」でいてはいけない
3. 「ゴール第一」で、ゴールを基準としたコミュニケーションを徹底する
4. ゴールは、理解し共感されることで、はじめてコミュニケーションで活かせる
5. 「合意点探し」で、意見の相違点より、合意点をまず見つけ出す
6. 出来事と人とは、必ず切り離して考える
7. 「結果最優先」で、自分で結果を出すことへのこだわりを捨てる
8. 自分にわからないことは、ターゲットユーザー目線で考える

CHAPTER 5

ゲームデザイン力を高める、レベルアップ術

レベルアップの基礎となる3つの能力

"武器の持つ力は、ゲームデザイナー自身の力によって最大化される"

武器の攻撃力は、ゲームデザイナーのレベルに比例する

マニュアル化したノウハウとは、武器である

マニュアル化したノウハウとは、誰にでも装備可能な「武器」のようなものです。

本書ではここまで、ゲームデザイナーがすぐにでも装備できる武器として、さまざまなやり方を紹介してきました。

武器の効果を最大限に引き出すためには、それを装備するゲームデザイナー自身の能力も重要です。

武器はあくまで道具にすぎません。

武器そのものの能力と、武器を使いこなす側の能力とが掛け合わさって、はじめてその効果が最大化されます。つまり、**ゲームデザイナーとしての能力をより高められれば、武器を使うことで得られる成果もさらに大きくできます。**

ゲームデザイナーとしての基礎能力から高めていく

ゲームデザイナーとしての能力を高めるとは、どういうことでしょうか？

ゲームデザイナーが扱う仕事の幅は広く、同じゲームデザイナーという職種のなかでも、実際には専門性を持った多様なジャンルで細分化されていることが多いです。「バトルを作る人」「イベントを企画する人」「イラストを発注する人」「シナリオを書く人」「ゲームシステムを組み立てる人」「運営施策を考える人」など、さまざまです。

専門性ごとに、必要となる技能も大きく変わってきます。多岐にわたる能力すべてを極めるようなことは現実的ではありません。また自身の専門外の能力にいたっては、習得したところで実際に活かす機会は訪れないかもしれません。

そうしたなかで効果的なのが、**どんなジャンルでも確実に役立つ、ゲームデザイナーとしての基礎体力ともいえる能力を向上させること**です。

運動で例えると、どんな競技を行うかによって必要な運動能力は異なっていても、どんな競技でも必ず役立つ基礎的な筋力や体力といった部分は共通です。

ゲームデザイナーとしての能力を効率よく高めるには、まず基礎的な能力から向上させる必要があります。どんなジャンルにでも通用する、ゲームデザイナーの基礎となる能力のなかから、特に重要な次の3つの力を紹介します。

ゲームデザイナーとして重要な3つの基礎能力

ゲーム力	言葉力	自分力

・ゲーム力
・言葉力
・自分力

基礎能力1　ゲーム力

ゲームを作るためには、当然ながら既存のゲームに関する知識が役に立ちます。

ゲームの知識が多ければ多いほど、あらゆる場面でその効果は発揮されます。ゲームの知識に裏打ちされたゲームデザイナーとしての力、「ゲーム力」は、ゲームデザインに携わるうえで基礎中の基礎ともいえる能力です。

基礎能力2　言葉力

ゲームデザイナーは言葉を武器とする仕事です。
企画書や仕様書などの書類作成時における文章力や、プレゼンや会議などコミュニケーションの場における会話力など、言葉を駆使する場面は尽きません。

より幅広く、より正確に、そしてより強く言葉を操れる、ゲームデザイナーとしての**「言葉力」が高いほど、あらゆる局面においてその恩恵を得られます。**

基礎能力3　自分力

ゲーム開発は、もの作りです。商品制作であると同時に作品制作でもあります。作品である以上、そこには携わった人の個性が反映され、それが作品の色や味といったものへとつながっていきます。

ゲームをおもしろくする立場にあるゲームデザイナーの個性は、ほかの職種以上に、特に遊びの部分に対して色濃く反映されます。ゲームデザイナーとしての自身の色の強さ、**「自分力」は、ゲームという作品に自分ならではのなにかをもたらすための重要な力です。**

3つの基礎能力は、実務に頼らず高められる

「ゲーム力」「言葉力」「自分力」。

これら3つが、特に重要で役に立つゲームデザイナーにとっての基礎能力です。

ゲームデザイナーとしてこれらの能力をより高めること、つまりレベルアップするにはどうしたらよいのでしょうか?

最も高い効果が得られるのは、当然ながら実務経験を通じての学びです。実戦に勝るものはありません。

ただし、誰もがゲームデザイナーとしての実務経験の機会に恵まれているわけではないでしょう。**実務経験に頼らずに、ゲームデザイナーとして確実にレベルアップできるやり方があります。**ゲームデザイナーの基礎能力の高め方を、3つの力それぞれに対して紹介します。

POINT

1 ゲームデザイナーとしてレベルアップすることで、マニュアルを通じて得られる効果も高められる

2 どんなジャンルでも役立つ、ゲームデザイナーの基礎能力を向上させる

3 ゲームに関する知識「ゲーム力」を高めれば、あらゆる場面で役に立つ

4 言葉を操る力「言葉力」を高めれば、言葉を使うさまざまな場面で恩恵が得られる

5 個性の強さ「自分力」を高めれば、ゲームに自分ならではの色をもたらせる

ただ遊ぶだけでは身に付かない「ゲーム力」

ゲームを遊んで、「感情」と「原因」の因果関係を学びとる

ゲームに精通するだけで、レベルアップできる

ゲームの知識は、あればあるほど役に立つ

ゲームデザイナーにとって、ゲームに関する知識は有用です。あればあっただけ、ゲームデザインの仕事に対してプラスになります。

ゲームを仕事としている以上、当たり前のことのように聞こえるかもしれませんが、有用性について改めて説明しておきます。

家庭用ゲーム、携帯機ゲーム、スマートフォンゲームなどデジタルゲームが一般に普及してから数十年経ちますが、現在市場に存在するゲームのほぼすべてが、過去のゲームにあった要素の組み合わせで成り立っています。

ゲームデザインという観点では特にそうです。ゲームデザインのほぼすべてが既存のなにか、つまり過去のゲームで生み出されたシステムやアイデアなどの組み合わせで構成されています。

そんな中、もしも古今東西ありとあらゆるゲームに精通していれば、その知識の組み合わせだけ

でどのようなタイプのゲームでも、理屈のうえではゲームデザインすることが可能です。それは極端だとしても、**既存のゲームに関する知識があればあるほど、それを組み合わせたり、足したり、引いたりしていくだけで、ある程度のゲームデザインは行えてしまいます。**

つまり、ゲームの知識があることで、ゲームデザイナーとしての能力に下駄を履かせられるのです。ゲームの知識が特に活きる2つの場面を紹介します。「コミュニケーション」と「問題解決」の場面です。

ゲームの知識が、コミュニケーションの助けになる

ゲームの知識量は、ゲームデザイナーのコミュニケーションを助けます。過去のゲームでの事例は、チームメンバーとの会話のなかで「共通言語」としてとても役立つからです。

「あのゲームのこの場面みたいにしたい」「あのゲームで使われている、この見せ方を参考にしてほしい」「あのゲームのあのキャラの、この技っぽいものでお願いします」などといった形で、やりたいことを伝える手段のひとつに、**『発注にはさまざまなフォーマットが存在する』**(▼P136)でも紹介した、既存のゲームをリファレンスとして活用する方法があります。

開発を終えるまで完成像を目にすることのできないゲーム開発において、すでに完成している**既存のゲームを参考として用いることで、少しでもイメージしやすくできます。**参考資料として使う

うえでは、当然ながら既存のゲームを知っていればいるほど、提示できる選択肢も広がっていきます。

こうした方法を聞くと、「よそのゲームを真似るのか?」「それはパクリなのではないか?」などと思うかもしれません。では、どこにも存在しないオリジナルな要素のみでゲームを構成できるかというと、それは現実問題として不可能です。

既存のゲームはあくまで参考資料でしかありません。それを踏まえてなにを生み出すかで勝負することが大事です。

ゲームの知識は、問題解決を助ける

ゲームの知識量は、ゲームデザイナーの問題解決を助けます。

既存のゲームの知識があればあるほど、ゲームデザインにおいて、「この要素を入れたら、ゲームバランスがどう変わるか」「このアイテムの配置を変えたら、プレイの仕方がどう変化するか」「敵キャラクターの攻撃方法を追加したら、バトルにどのような影響がでるか」といった、**なにをしたらなにが起きるのかを、実際に作る前の段階でもかなり正確に事前予測できるようになります。**

なぜ事前予測ができるかというと、過去に同じような光景を、ほかのゲームで見たことがあるからです。

「ゲームスピードを早めたらなにが起きるか」「敵の同時出現数を増やしたらどうなるか」「ステー

ジの広さを広げたらどう遊ばれるか」など、こうしたゲームデザイン上の変化ひとつひとつによって発生する出来事に対し、過去自分がプレイしてきたゲームから類似の状況を思い起こしていきます。それにより、実際に実行する前の段階でも、結果を頭のなかで予測できるようになります。

また、事前予測だけでなく、なにかを作ったあとでもゲームの知識は活きてきます。作ったものが問題を抱えていたとき、なにをすればどう改善されるかが、実行する前の段階で予測できるようになるからです。

頭のなかでのシミュレーションができればできるほど、実際のトライアンドエラーの回数を減らせます。トライアンドエラーの回数を減らすことは、時間、お金、人的コストなどあらゆる面でゲーム開発に有益に働きます。

結果を予測できる対象や範囲は、ゲームの知識量と比例します。ゲームデザイナーのゲームの知識が、開発の成果にそのまま跳ね返る部分といえます。

得たい知識を優先して、遊ぶゲームを取捨選択する

ゲームに関する知識を得るのに、当然ながらゲーム開発やゲームデザイナーとしての実務経験は必要ありません。

ゲームを遊べば獲得可能であり、やればやっただけ確実に積み上がっていきます。ゲームデザイナーとしての力を伸ばすうえでは、結果につながりやすい確実性のあるやり方です。

ゲームは市場に数え切れないほど存在しますので、そのすべてを知ることはどれだけ時間を費やしても不可能です。得たい知識に優先度をつけ、**遊ぶゲームを取捨選択していく**必要があります。選び方はさまざまですが、自身が作っているものと類似するジャンルを最優先としつつ、今最も売れているゲーム、名作と呼ばれる過去の有名ゲームといったものを選んでいくと、外すことが少ないでしょう。

ゲームから感情変化を学ぶ

ゲームデザインに役立つ、ゲームの遊び方がある

ゲームの知識を身につけるためには、プレイヤーとしてゲームを遊ぶ必要があります。ゲームの遊び方にも、ゲームデザインに役立つやり方があります。もちろん、ゲームをどのように遊んでも問題はありません。ゲームデザインについてなどなにも

考えず、ただ純粋にプレイヤーとして楽しんでいるだけでも、多くのことを知識として身につけられるでしょう。

しかしながら、遊んだひとつのゲームから、ゲームデザインに役立つ知識をしゃぶり尽くすまで、**効率よく得ようと思った場合には、遊び方そのものまで意識する必要があります。**

ゲームデザインを学びながら、ゲームを遊ぶやり方を紹介します。

ゲームによって動かされる感情を学ぶ

やり方の前にまず、ゲームからどのような知識を得ることがゲームデザインにとってより有益かを説明します。

はじめに言っておくと、ゲームをプレイして得られる知識に無駄なものなどなにひとつありません。すべて有益です。

そのうえで、ゲームデザイナーにとって特に大事な部分はどこにあるのか。

ゲームデザイナーがゲームから知識を得るうえで最も重要なのは、**自分自身で遊んだ体験を通じて得た、「感情」とその「原因」を理解すること**です。

ゲームを遊んでいると、「ビックリした」「嬉しかった」「泣きそうになった」「ハラハラした」「イライラした」「やめたくなった」など、さまざまな感情が自分のなかで巻き起こるでしょう。そうした感情の変化とその原因に着目することが、ゲームデザインにとって最も重要です。

なぜそこが重要かというと、ゲームデザイナーがゲームを通じて成し遂げなければならないのは、プレイヤーの感情を変化させることだからです。プレイヤーはゲームというエンタテインメントに、なんらかの感情の変化を期待し、その対価として時間やお金といったリソースを投資します。

ゲームデザイナーがゲームを通じてそうした感情を生み出していくには、既存のゲームが感情をどのように動かしているかを知ることが最短距離となります。

ゲームの知識のなかには、「あのゲームは評判がよかった」「このゲームはどれだけ売れた」「あのゲームはあのスタジオが開発している」といったものもありますが、そうした情報のたぐいは、ゲームファンにとっての知識となりうるものの、ゲームデザインにとってはさほど重要な知識といえません。逆に、口コミやレビューを読んで、あるいはプレイ動画などを観て、「知った気になる」ことほど、ゲームデザイナーにとって有害なことはありません。

大事なのは、**自分で実際に遊んで感情が動かされた、生の感覚**です。ゲームの知識を自分自身の血肉に変え、それを自分のゲームデザインに活かせる形にするためには、感情を動かされた自身の経験が重要です。

「エモーションチャート」で、ゲームでの感情変化を学ぶ

ゲームをプレイしたなかで発生する、「感情」とその「原因」を理解するためのゲームの遊び方をひとつ紹介します。

	因果関係
	■ 突然音が鳴ると、人は驚く ■ 備えていない状況で驚異に晒されると、人は驚く ■ 視界の外から何か飛び込んでくると、人は驚く
	■ いきなり戦闘が始まることで、緊迫感は高まる ■ 戦闘の前に配置する要素は、戦闘の雰囲気に影響を及ぼす
	■ BGMの転換で、ゲームの状態変化が感じられる
	■ 地形変化は、プレイヤーの気を引く ■ マップ上でめだった動きのある要素は、プレイヤーの気を引く
	■ 戦闘エリアを抜けると達成感につながる ■ やなことがあった場所からは、早く離れたくなる

エモーションチャート

No.	事象	感情	原因
1	暗い廊下を進む中、窓を割って犬が突然飛び込んできた	**驚いた**	■予想していないところで、突然大きな音（ガラスの割れる音、吠え声）が鳴った ■予想していない状況で、犬（＝自分に害を及ぼす驚異）が出現した ■進む先ばかり見ていて、視界の外にある窓の存在にまったく気づいていなかった
2	犬との戦闘	**動揺**	■直前の驚きを引きずっている ■状況を把握するまでに時間がかかり、その間焦った
3	勝利	**警戒** **安堵**	■先ほど油断して驚いたので、まだなにかくるんじゃないか、油断ないよう警戒が続く ■しばらくしてBGMが鳴り止んだため、終わりを感じた
4	窓の外を調べる	**興味**	■割れた窓の外から風が吹き込むようになったため、調べたくなった
5	前進し、廊下を抜ける	**解放**	■恐怖を味わった場所から脱したため、一息ついた

「**エモーションチャート**」を作るやり方です。

エモーションチャートとは、ゲームを遊んで自身が感じたあらゆる感情を時系列で記録し、それを引き起こした事象と原因、そして引き起こされた感情との因果関係を列挙した表です。エモーションチャートの例を紹介します。

ゲームを遊んで抱くさまざまな感情を、ただ「おもしろかった」「怖かった」「驚いた」といった感想だけで終わらせることなく、より具体的に書き出して記録し、分解していくことで、自分に起きたことを客観視できるようになります。

そしてこの作業を続けていくと、**ある特定の感情が生み出される際には、その要因に特定の傾向があることに気づく**はずです。

裏を返せば、ある手段を用いればある特定の感情を意図的に作り出せるということです。

つまり、ゲームにおける感情と原因の因果関係を知識として蓄えていくほど、過去のゲームで実現していたゲームデザインを、自身のゲームデザインとして再現できる可能性が高まっていくのです。

得た知識が本当に正しかったかどうかは、それを実戦で使ってみた結果によってはじめて知ることができます。

ゲームはクリアまで遊んで学ぶ

エモーションチャートを作成するうえで大事なのは、ゲームをクリアするまで遊ぶことです。ある程度時間を費やした体験によってのみ生み出される感情というものもなかには存在します。特にストーリーに関する感情になると、一場面を切り取っただけではなんの感情も得られないものが、伏線や文脈によってまったく異なる感情につながる場合があるからです。

遊びにおいても同様です。1ステージ遊んだ最初の印象としては新鮮で楽しめたものでも、同じようなステージが100回連続で出てきたとしたら抱く感情も変わってくるでしょう。**触りの部分だけかじって知った気になるだけでは、そのゲームの持つゲームデザインの本質に触れることはできません。**

スマートフォンの運営型タイトルなど、ゲームをクリアするという概念がない場合でも、それなりにプレイを続け、ある程度やり込んだといえるようなゲーム進行度、消費時間、プレイ回数を重ねることで、そのゲームの本質に迫ることができるでしょう。

ゲーム以外からも、感情変化を学ぶ

エンタテインメントの知識も、あればあるほど役に立つ

ゲームの開発現場における共通言語は、なにもゲームだけではありません。「映画」「ドラマ」「アニメ」「マンガ」といった、ビジュアルを伴うエンタテインメント全般が広く共通言語や参考資料として用いられます。

ゲーム開発者のなかには、映画やアニメなどのエンタテインメント作品が好きな人が多く、ときにはゲーム以上に話の通じる話題になることもあります。ですので、そうしたゲーム以外のエンタテインメントの知識量も、ゲームのそれと同様に、ゲームデザイナーが仕事をするうえで大いに役立ちます。

エモーションチャートで、エンタテインメントでの感情変化を学ぶ

ゲーム以外のエンタテインメントに触れる際にも、そこからゲームデザインに役立つ知識を得られます。

そのやり方は、ゲームを遊ぶ際と同様です。ゲームデザイナーにとって役に立つ、ゲームの遊び方、**「エモーションチャート」は、ゲーム以外のエンタテインメント作品に対しても応用可能**です。

ゲームの際とまったく同じように、自身で体験した感情を時系列で記録し、それを引き起こした事象と原因、そして引き起こされた感情との因果関係を表にしていきます。

例えば、連続ＴＶドラマの終わりぎわ、その終わり方を通じて、「この先どうなっちゃうのか、続きが気になって仕方がない」といった感情を得たとしましょう。「気になるとは具体的にどのような感情か」「その感情はドラマの中のどんな出来事によって引き起こされたのか」「その出来事が気になった理由はなんなのか」「そこから紐解ける感情と原因の因果関係はどういうことか」といったように、感情や事象を具体的な言葉で分解し、可視化していきます。

これを、ＴＶドラマであれば、冒頭から最後まで一通り行っていきます。ドラマ以外、マンガであってもやり方は同じです。映像を伴いませんが、小説に対しても適用できます。

ゲームとゲーム以外の知識をかけ合わせる

感情を動かすという意味では、ゲーム以外のエンタテインメント作品のノウハウの多くは、ゲームにも共通して当てはめられる場合が多いです。

例えば、先ほどの例としてあげた連続ＴＶドラマの終わりぎわの「続きが気になる」感情をゲームに転用すれば、ゲームの続きが気になって先へ先へと進みたくなるような仕掛けを生み出すことも可能です。

現在のゲームが、過去のゲームで生み出されたシステムやアイデアなどの組み合わせで構成されているという話をしましたが、組み合わせられているのはゲームだけに限った話ではありません。特に近年は、家庭用ゲーム機やスマートフォンの性能向上に伴い、ゲームは映画やアニメの表現や技術を積極的に取り入れてきました。

感情を動かすという面で共通する部分の多い、こうした**ゲーム以外のエンタテインメント作品を構成する要素は、ゲームと組み合わせた際の相性がよい**のです。「ゲーム×ゲーム」だけでは生み出せない、新たな視点やアイデアをもたらすこともあるため、ゲーム開発者たちは積極的にノウハウを取り入れてきました。

ゲーム以外のエンタテインメントの知識も、ゲームデザイナーとしての能力を高めるうえで重要な役割を担います。ゲームの知識が最重要であることに変わりはありませんが、それでもなお、ゲームデザイナーの多くは映画やアニメといったジャンルから発想や刺激を受け、それを活かしています。

POINT

1. ゲームの知識は、開発現場での共通言語として役に立つ
2. ゲームの知識を活かせば、作る前の段階でも、作った結果を事前予測できるようになる
3. ゲームデザインに役立つ遊び方で、ゲームを遊ぶ
4. 「エモーションチャート」で、感情が起こる原因への理解を深める
5. ゲーム以外のエンタテインメント作品の知識も、ゲーム開発に役に立つ
6. 「エモーションチャート」を使えば、ゲーム以外も分析できる

思考と出力で考える「言葉力」

"言葉の正確さが、ゲームのクオリティに直結する"

言葉を操るだけで、レベルアップできる

言葉はゲームデザイナーの最重要能力のひとつ

ゲームデザイナーは、言葉で仕事をします。

プログラマーがプログラミング言語を使うように、グラフィックデザイナーがグラフィックツールを使うように、ゲームデザイナーは言葉を使ってゲームを作り上げていきます。

『「発注」で想定以上の成果を引き出す』（▼P128）で触れた発注の場面や、**『「実装」の要はコミュニケーション』**（▼P148）で紹介したコミュニケーションの場面など、ゲームデザイナーの言葉は、ゲーム開発の場面ごとにさまざまな形に姿を変えます。チームメンバーとのコミュニケーションにおいては「会話」となり、チームメンバーへ発注する際には「書類」となり、チームメンバーにやりたいことを伝える場面では文字と会話の両方を用いた「プレゼンテーション」となるなど、用途や状況に応じた最適な形で出力されます。

言葉をうまく扱えるどうかは、ゲームデザイナーの職務をこなすうえでほぼすべての場面に影響

します。つまり言葉は、ゲームデザイナーにとっての最重要能力のひとつなのです。

ですので、ここを伸ばすことは、ゲームデザイナーとしての基礎能力向上に非常に効果的です。言葉の力を伸ばしていくためにも、まずゲームデザイナーに求められる言葉について正しく理解する必要があります。

それは、**言葉の「正確さ」と「簡潔さ」**です。

言葉の正確さは、ゲームのクオリティに直結する

ゲームデザイナーの使う言葉には、**「正確さ」**が求められます。

「おもしろい」「かっこいい」「かわいい」。こういった言葉は生活のなかで日常的に使われる表現ですが、ゲーム開発の現場において、ゲームデザイナーが発する言葉としてはあまり適切とはいえません。

具体的なことをなにも指し示していないからです。

ゲームデザイナーの言葉は、責任を伴います。なぜなら言葉として発せられたものをゲームとして形にするために、時間やお金を費やして、チームメンバーを動かしていくことになるからです。責任を伴うからこそ、正確さが重要です。

例えばゲームデザイナーが「もっとかっこよく調整してほしい」とチームメンバーに伝えたとしましょう。この話を受けた相手には、なにをどのように変更すればよいかがわかりません。自分の

感覚だけを頼りに手探りで、トライアンドエラーを繰り返すことになるでしょう。

例えばゲームデザイナーが、「これはかわいいので採用」と伝えたとしましょう。相手はそれに対し、なにがどう良かったのかわからないまま、なんとなく採用されたという結果しか受け取ることができません。ですので、そこで良かったことなどを次に活かすこともできないでしょう。

こうした状況に陥らないためにも、言葉の曖昧さをなるべく排除し、なにがどうよいのか、あるいは悪いのかなどが相手に具体的に伝わる表現を選ぶ必要があります。

ゲームデザイナーが言葉をより正確な表現で発することができればできるほど、生産性の低いトライアンドエラーを減らせます。そうして浮いた時間や労力を、ゲームをよりよくするために費やしていけるのです。

つまり、**ゲームデザイナーの言葉の正確さは、ゲームのクオリティに直結します。**

言葉は簡潔でなければ、届かない

ゲームデザイナーの使う言葉には、「**簡潔さ**」が求められます。

なにかを正確に伝えようとすると、どうしても雄弁に言葉を重ねてしまいがちです。書類であれば文字数が多くなり、口頭であれば説明が長くまわりくどくなる傾向があります。

伝える側としてはよかれと思って詳しく伝わるように努力した結果なわけですが、一方で、聞く側からすると、「話が長すぎて頭に入ってこない」「文章が多すぎて大事なことがわからない」といった印象を持って受け取られることもあります。

そうなると手段が会話であれ書類であれ、「なんとなく話は聞いたが、実はなにも伝わっていなかった」という状況にもなりかねません。

こと書類に関しては、プログラマーやデザイナーには「長い」というだけで読んですらもらえない場合があります。ゲームデザイナーにとっては悲しい話ですが、それが現実です。

つまりゲームデザイナーが言葉を使う際には、ただ正確さを追い求めているだけでは足りず、**正確な意図を、短く簡潔な言葉に落とし込む**必要があります。

例えば「もっとかっこよく調整してほしい」といった話であれば、「もっと目立たせたいので、アニメーションのシルエットを全体的に今より少しだけ大きくしてほしい」「決めポーズで止まっている状態が識別しやすいよう、1.5倍くらいまで時間を伸ばしてほしい」といったように、なにをなんのためにする必要があるかを具体的な情報とともにピンポイントで伝えることが望ましいです。

言葉は相手が受け取れて、はじめて意味をなす

言葉で仕事をするということは、自分の意思を言葉で相手に理解させ、仕事を進めていくことです。

勘違いしてほしくないのは、言葉は発して終わりではないということです。

ゲーム開発におけるコミュニケーションでは、ゲームデザイナーの目線から見てなにを言ったか

は重要ではありません。**受け取ったチームメンバーに言葉がきちんと届き、正確な理解を持ってもらうことで、はじめてコミュニケーションが成立したといえます。**

ゲーム開発のやり方は、会社やプロジェクトごとにまったく異なります。チームメンバーは、さまざまな所から集まった多様なメンバーで構成されます。そうしたなかでのコミュニケーションにおいては、万人にとって理解しやすい、正確で簡潔な言葉が求められます。

ゲームデザイナーとして、正確で簡潔な言葉を操れるようになるためには、どうすればよいでしょうか?

言葉によるコミュニケーションは、発する前に自分自身の頭のなかで考える**「思考」のプロセス**と、それを表に出す**「出力」のプロセスの**2段階に分かれます。それぞれの工程におけるやり方を紹介します。

思考を制するものが、言葉を制す

言葉を出す前に、まず頭のなかで整理する

正確で簡潔な言葉を操るためには、言葉として出力する前にまず、頭のなかにある考えを正確で簡潔な状態に持っていく必要があります。

言葉の簡潔さや正確さが足りない場合、その原因が、考えがきちんとまとまっていないときと、考えはまとまっているがそれをうまく言葉に表せないときとでは、対処方法がまったく異なります。

「なにがやりたいのか」「なにを伝えたいのか」「なにが大事なのか」といったことを頭のなかでしっかり整理しきれていない状況で、いきなり文字や文章として出力しようとしても、当然ながらうまくはいきません。

自分が考えていたこととはどこか違った内容になってしまったり、考えられていないことであやふやな表現が多くなってしまったりと、言葉の正確性を欠く結果につながります。

うまく言葉にできない場合には、まず一度立ち止まって、考えがきちんとまとまっているかどう

かを確認してみてください。

言葉にする前段階で、頭の中の考えを正確かつ簡潔にまとめるやり方を紹介します。

伝えたい言葉を、ひとことに落とし込む

正確さと簡潔さを欠く状態というのは、伝えたいことのなかで、大事なことの取捨選択と優先度づけがしきれていない状態である場合が多いです。

そんなときは、自分自身にこんな質問を投げかけてください。

「それを、ひとことでいうと？」と。

よくまとまった考えは、簡潔な一文でも的確に相手に伝えられるものです。相手に伝えるために自分のなかで考えをまとめる際には、どういった形でもよいので、とにかくひとことにまとめるこ

正確で完結な言葉を操るためのプロセス

思考 → **出力**

頭の中で整理する　　**言葉を選んで伝える**

とを心がけ、クセをつけていってください。

もしそれだけでは漠然としすぎていて、実行するのが難しいと感じるようでしたら、はじめのうちは文字数制限（例えば「30文字以内でまとめる」といった制限）をつけるのもひとつのやり方です。

ひとことに落とし込むためには、余分な箇所を削り取っていかなければなりません。限られたひとことのなかに残したい部分こそ、自分のなかで特に大事なことであったり、絶対に守りたいことだったりします。

ひとことの言葉を推敲する過程で、優先度ややりたいことの本質が自然と垣間見えてくるはずです。

言葉の一語一句に、情報を凝縮させる

考えがひとことに集約されたら、そこで終わり、というわけではありません。

今度はそれが相手に伝わりやすい言葉になるように、さらにもう一段階、正確さと簡潔さを引き上げていきます。

そのためにやることは、「**言葉選び**」です。

同じような事柄を伝える単語でも、より自分の意図する形に近いニュアンスを持った最適な表現を探していきます。

例えば、「壊したい」ということを伝えるとしましょう。それを具体的な言葉にしたときに、

「こわしたい」
「コワしたい」
「ぶっ壊したい」
「破壊したい」
「打ち壊したい」
「取り壊したい」
「壊滅させたい」
「倒壊させたい」
「粉砕したい」
「木っ端微塵にしたい」
「破損させたい」
「打破したい」
「ぶちのめしたい」
「毀損したい」

といったように、同じ壊す意味を持つ言葉でもそれぞれでニュアンスや意味がまったく異なってきます。

最適な単語を選ぶことで、ただ「壊したい」と表現する以上の意味を、一語のなかに詰め込めます。

言葉の正確さと簡潔さを高めるためには、**一語一語を大事にし、それぞれに自分の思いを凝縮させた言葉選びが重要**です。

最適な表現を見つけるための言葉選びの力は、語彙力に比例します。豊富な語彙や表現を身につけるには、触れてきた文章量がものをいいます。一朝一夕では身につかない力でもありますが、小説など本を読むことで活字のインプットを増やしていくとよいでしょう。

常により適切な言葉を探すことを習慣化する

会話にせよ文章にせよ、言葉を生業とするゲームデザイナーにとって、日本語は最優先の必修科目です。

義務教育で習ってきたことにとどまらず、ゲームデザイナーにとって必要な部分の日本語の力から、優先して伸ばしていきましょう。言葉を使うあらゆる場面で少しずつ意識しながら、より最適な言葉を探すことを習慣づけしていけるとよいです。

リアルタイムで即時判断が必要な会話より、**自分のペースで内容や表現を考えられる書類やメール作成時の文章を通じて、徐々に言葉を洗練させていく**のをおすすめします。

「プレゼン化」で、言葉の効果を最大化する

言葉を伝える場面は、さまざまな形で訪れる

頭のなかにある考えを正確で簡潔な状態に整理したら、いよいよそれを相手へと伝えていく「出力」の段階となります。

ゲーム開発においてゲームデザイナーが誰かに自身の考えを伝える場面は、さまざまな形で訪れます。発注を通じて作りたいものを伝えたり、調整の場面で直したいことをリクエストしたり、日常のコミュニケーションのなかで問題解決の方法を示唆したりといったようにさまざまです。

伝える手段も、あるときは書類を通じて、あるときは会話を通じてと変化します。**どんな伝える場面においても、共通して高い効果を発揮する「出力方法」が存在します。**そのやり方を紹介します。

「説明」しようとせず、まず「説得」から行う

チームメンバーになにかを伝える場面でゲームデザイナーとして意識したいのは、**「説明」より前に、まず「説得」すること**です。

説明とは、伝える側が伝えたい情報を相手に頭で理解してもらうことです。

一方で説得とは、情報よりも思いなどを伝えることで相手の心を動かすことです。

説明と説得、どちらも重要な要素ですが、説明するよりも前にまず説得することで、結果的に相手が説明を理解する助けにもなります。

ゲーム開発は複雑な工程で成り立っており、ゲームデザイナーがチームメンバーへ伝えるべき情報も、なにかと詳細な話が多くなります。ゲームを作り上げていくためには、最終的にはすべての詳細を正確に伝えていく必要があります。

一方で、情報を受け取る相手の側の視点に立つと、どれだけ詳細を丁寧に説明されたとしても、どうしても伝達される情報の劣化が発生してしまいます。人と人がやりとりする以上、１００％完璧な情報伝達は、現実的に不可能です。

そうしたなかで、頭で理解把握しきれていない欠けた部分を補う役割を担うのが、心での理解です。

説得、つまり心での理解とは、簡単にいえば「なるほど！」と共感してもらうことです。

はじめにこの気持ちを持ってもらうことで、その後の情報の頭への入り方も断然変わってきます。納得感が醸成できていないまま、ひたすら情報だけを列挙した説明を行っても、右から左へと流れ

ていってしまうでしょう。

ゲームデザイナーが相手になにかを伝える際に、まずは必ず、この「なるほど！」を説得で作れるよう意識してください。

言葉を「プレゼン化」して、説得につなげる

どのようにすれば、相手の心を動かす説得の言葉を操れるでしょうか？

効果的なやり方は、説得に用いる言葉を「プレゼン化」することです。

プレゼンとはプレゼンテーションの略で、自分の考えを、他者が理解しやすい目に見える形で提示し、話を聞く聴衆の理解を得るコミュニケーション手段のひとつです。

例えば、クライアントに対して企画提案を行ったり、会社に対して予算獲得のための提案を行ったり、といった場面で用いられます。

プレゼンでは、限られた時間のなかで複数の聴き手に対して提案内容を伝え、そのうえで「承認」という結果を得ることが求められます。結果を得ることがプレゼンの目的ですので、説明自体には手段としての役割しかなく、結果的に説得できることがゴールです。

ですので、ゲームデザイナーがチームメンバーとの日々のコミュニケーションのなかで、**プレゼンのノウハウは「なるほど！」という共感を得るために、大いに役立ちます**。それは会話においてだけでなく、書類を通してのコミュニケーションにおいても同様です。

プレゼン化は、「構成」と「引き算」で行う

言葉をプレゼン化するために必要なことは、「構成」と「引き算」です。

実際のプレゼンにおいても、構成は命です。

プレゼンに与えられる時間は限られています。余計なことを語っている時間などありません。必要最小限の要素で構成し、相手に最大限に伝わる順番や時間配分で、プレゼンを組み立てていきます。

ゲームデザイナーの言葉をプレゼン化するうえでも、同じことがいえます。「曖昧な表現」「余計な形容詞」「長い説明」「単調な繰り返し」など、**贅肉を徹底的に削ぎ落としていきます**。そのうえで、最も効果的に伝わる順番を考え、並べ替えていきます。削って入れ替えて、を繰り返し続けていくことで、言葉は徐々に洗練されたものへと変わっていきます。

実際のプレゼンを通じて、プレゼン化のコツを学ぶ

プレゼン化のやり方を身につけるうえで役に立つのが、実際にプレゼンを行うことです。

人前に立ち、限られた時間のなかで結果を得るためになにかをしゃべる。自分で実際にやってみ

ると、さまざまな気付きがあるでしょう。

プレゼンに苦手意識のある方もいると思いますが、最初はうまくいかなくてもとにかく場数を踏むことで自然と上達していきます。実際にやらなければできるようにならないので、機会を見つけて挑戦してみるとよいでしょう。

また、よいプレゼンを観ることで学べるコツもあります。

おすすめは、「TED（Technology Entertainment Design）」というアメリカの団体が主催している「TED Conference」での講演動画です。日本語の講演もあり、動画は無料で観られます。

https://www.youtube.com/user/TEDxTalks

「TED」では、さまざまな分野の専門家たちがプレゼンを行っており、プレゼンの手法として参考になるだけでなく、内容自体もためになるものが多いです。

全世界に向けて配信されることが前提であるため、**情報の受け手の知識や興味、経験などに依存することなく、幅広い相手に伝わり、そして共感を得られる内容で構成されています。**

そのなかでも特に注目してほしいのは、スライドの構成です。

「1画面における情報量はどの程度か」「アニメーションなどを使って、どのように大事な情報を目立つように伝えているか」「キャッチフレーズや大事な数字など、視認しやすくするためフォントや文字サイズなどをどう工夫しているか」などに着目していくと、引き算のヒントが見つかるはずです。自身の主張やアイデアを世界中に届けようと考えると、理解するのに障害になるような情報を極限まで削ぎ落としていく必要がありますので、たいへん参考になります。
ゲーム開発は、さまざまなバックグラウンドを持ったチームメンバーによる、集団制作です。阿吽の呼吸のようなコミュニケーションに頼ることなく、誰が聞いても伝わる言葉を操れるゲームデザイナーを目指しましょう。

POINT

1. ゲームデザイナーの言葉には、「正確さ」と「簡潔さ」が求められる
2. 頭のなかで考える「思考」のプロセスと、それを表に出す「出力」のプロセスで言葉を考える
3. 「思考」のプロセスでは、考えをひとことにまとめる
4. 単語を選びぬき、一語一句に意味を凝縮させる
5. 「出力」のプロセスでは、「説明」より前に、まず「説得」する
6. 言葉を構成と引き算で洗練させ、「プレゼン化」する

80点を100点に近づけるための「自分力」

"この世で一人しか持っていない、一次情報こそ手に入れる"

個性を身につけ、限界突破を目指す

ゲームデザイナーの個性があってこそ、100点にたどり着ける

誰にでも使えるようマニュアル化したゲームデザインのノウハウは、即効性のある武器として多くのゲームデザイナーにとって役立つものとなるでしょう。

本書で紹介したノウハウは、誰がやってもある程度安定的に一定レベルの成果を出すことに適したものです。

ただし、マニュアルはあくまでもマニュアルにすぎません。

「守破離」という言葉があります。武道、茶道、芸術、スポーツなどの修業の理想的なプロセスを3段階で示したものです。「守」ではまず教えや型などを忠実に守り、「破」ではよいものを取り入れ自分に合った型をつくり、「離」では最終的に教えや型から離れ自分なりの型を生み出していきます。

これはゲームデザインにも当てはまります。

マニュアル化したノウハウが役割を果たせるのは「守」の段階までです。それによって得られる成果は、最大でも80点までとなります。

それだけでは決してたどり着けない80点以上を目指すうえでは、型を守るだけではない「破」や「離」に該当するものが必要です。

ゲームを100点に近づけるために欠かせない要素、それはゲームデザイナーの「個性」です。

ゲームは商品であり作品でもあります。もの作りである以上、そこに**携わった人の個性が作風として反映され、それが作品の色や味へとつながっていきます。**そうした作品の色は、80点より先の部分によって生み出されるのです。

マニュアルでできるのは、不正解にならない確率をあげるだけ

ゲームを80点から100点へと引き上げるために、なぜ個性が必要になってくるのでしょうか？

ゲーム作りとは、答えのない戦いです。なにをしたら正解で、なにをしたら不正解かは、完成して世の中に出たあとユーザーに実際に遊んでもらうまで、誰にもわかりません。

そうしたなかで、**マニュアル化したノウハウによって実現できるのは、不正解にならない確率をあげることまで**です。過去の事例やノウハウをもとに、間違いが起きづらい方向へと、ゲームデザイナーをガイドしていきます。しかし、できるのは、そこまでです。

そのゲームが最終的にどこへたどり着けるのかは、マニュアルの範疇を超えています。答えのない世界をどう戦うかは、自分たち次第です。

そうしたなかで意思決定に必要となるのが、作っている自分たちの意思です。その意志こそが、ゲームが進む道を決める判断基準となり、それが個性にもつながっていきます。

マニュアルだけではたどりつけない領域に挑むためには、個性を発揮していくことが必要不可欠です。そのために、ゲームデザイナーとしての個性を伸ばしていく必要があります。

マニュアルで80点、個性での残り20点

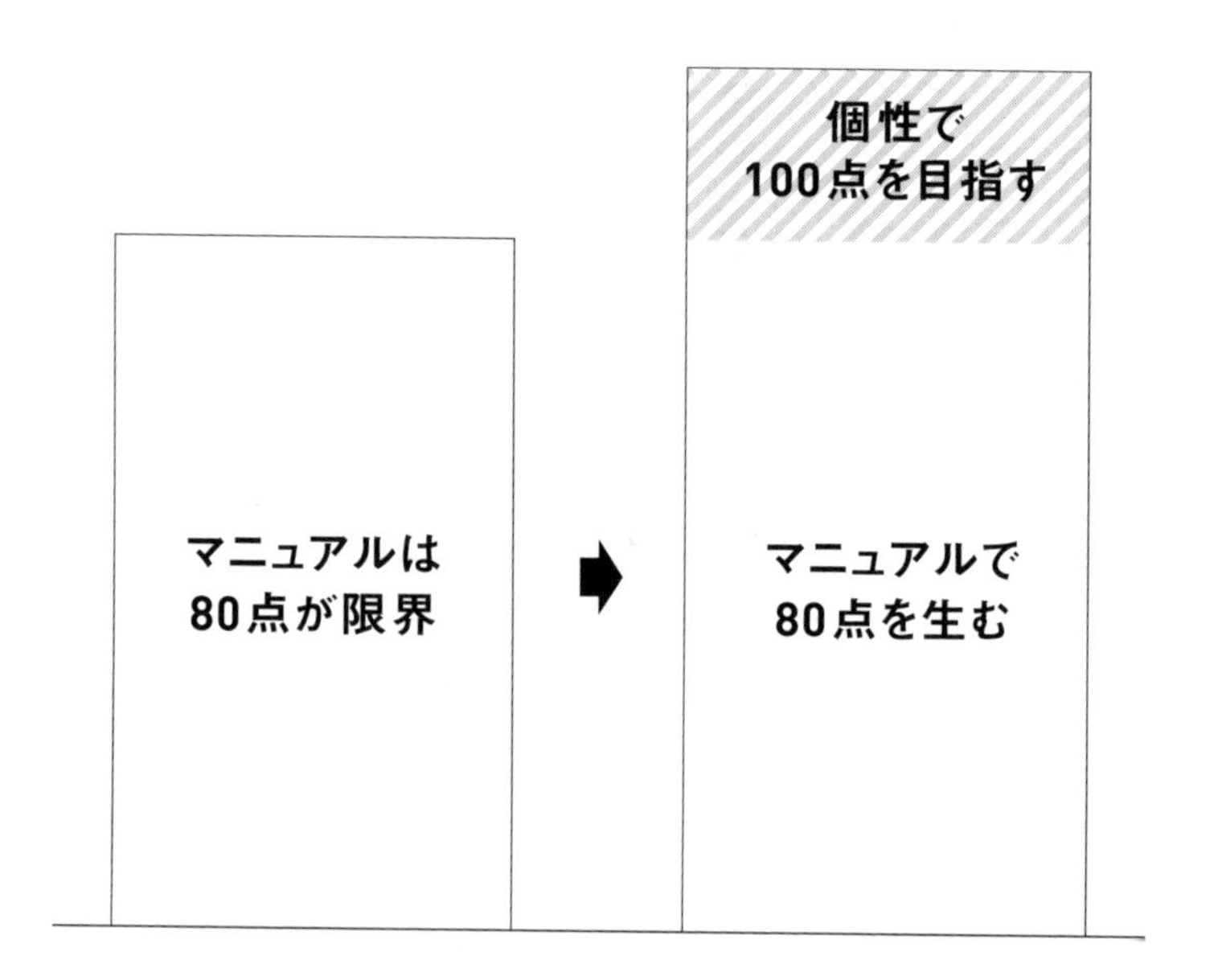

実体験こそが、個性を生み出す

本物を通じて身につけた価値観が、ゲームデザインの個性になる

個性は、人それぞれ生まれ持って備えているものです。

身につける努力などせずとも、すべての人が持ち合わせています。

個性というと、なにか才能的な優劣を想像するかもしれませんが、当然ながら個性に正解も不正解もありません。

そうした前提の中、ゲームデザインにおいて、作品の色や味につながる強みとして活きる個性というものも存在します。それは、**本物を通じて身につけた価値観**です。

一次情報以外、個性には役立たない

インターネットやSNSが普及した現代において、自分が望むどんな情報でも検索を通じて簡単に得られます。

遊んだことのないゲームのことや観たことのない映画のことといったエンタテインメントに関する情報はもちろんのこと、行ったことのない国や場所のこと、体験していないイベントのことなど、自分の知らない情報を誰もが簡単に手に入れられる環境にあります。

インターネットやSNSでは、そうした情報は、主にほかの誰かが語った言葉、誰かが撮った画像、誰かがまとめた意見などの、二次情報、三次情報の形で得ることになります。

そうした情報は**知識として役に立つことはありますが、ゲームデザイナーが個性を発揮するうえではあまり役には立ちません。**

自分しか知らない情報にこそ、価値がある

なぜそうした情報が、ゲームデザイナーの個性として役に立たないかというと、そこには明確な理由があります。

例えば、100万人が知っている情報をもとに出したアイデアと、100人しか知らない情報をもとに出したアイデア、どちらが個性の強い尖ったものになる確率が高そうか考えてみてください。

広く普及している情報である前者は、その情報を持っている人も多いことから、似たようなアイデアが自分以外の手から生まれてくる可能性もあるでしょう。一方で、後者のようにごく限られた人しか知らない情報がもしあるとするならば、そこから生み出されるアイデアが自分以外とかぶる可能性も低くなると考えられます。

実体験を通じて得た感覚を、個性にする

一次情報以外の情報、つまり自分自身で直接的に得ていない情報は、現代社会においては誰しもが知る可能性があります。

そうした情報をもとになにかを生み出すことは、確率的にほかにも同じようなことを考え、実行する人がいる可能性を高めます。

また、情報を得られるのはゲームデザイナーだけはありません。プレイヤーも同じことです。プレイヤーがすでに知っているものや、どこかで見たことのあるようなものを通じて、プレイヤーの感情を動かしていかなければならないわけですから、端から分が悪そうな状況をわざわざゲームデザイナー自身で作る意味はないでしょう。

個性を生み出すための源泉は、一次情報にあります。本物を通じて身につけた価値観とは、**自分自身で実際に体験して得た感覚**をもとにしたものにほかなりません。ここをどれだけ増やせるかが、ゲームデザイナーとしての個性の強さに関わってきます。

物事の切り取り方から、個性は生まれる

一人しか知らない情報の、持ち主になる

本物を通じた価値観の増やし方は、シンプルです。

実際になにかを自分で触れ、目で見て、体験して、手にとって、味わいます。そのときに感じた思いや気づきのひとつひとつがすべて一次情報になるからです。

例えば、登山に出かけて山を登ったとします。登る途中になにを感じ、頂上にたどり着いた瞬間になにを感じ、下山する際になにを感じたか。そこで感じたことを言葉で表してみてください。「山の空気」「目立った植物」「行き交う登山者」「遭遇した生物」「目にした景色」「自身の疲労感」など、なんでもよいです。同じ登山という行為に対し、仮にまったく同じ日時に同じルートを登ったとしても、人ごとにどの場面を選び、なにに対しどう感じたかのは変わってくることでしょう。

同じ物事でも、それをどのように捉えるか、**情報に対する「切り取り方」こそが、個性の生まれる場所**となります。

ある物事に対し、自分自身での体験と、そこで得た気づきが、個性をもたらす源泉です。なぜなら、**自分ならではの切り取り方で得た一次情報を持っているのは、この世の中に自分一人しかいない**はずだからです。

自分だけの体験の積み重ねが、やがてその人ならではの価値観を形作っていきます。そうした体験と感情の積み重ねは、実際に自分の足で山を登ったことではじめて得られるものです。

Ｗｅｂ上での誰かの情報を得ただけで、くれぐれも登ったこともない山をわかった気にならないでください。

あらゆることが、個性につながる

個性につながる一次情報を得るためには、具体的にどういったことを体験していけばよいのでしょうか？

その答えは、「なんでもＯＫ」です。

どのようなものでも、それが自分にとっての一次情報になりえます。そして、どんなことであってもゲームデザインの個性として活かすことが可能です。

ゲーム業界を目指す学生から、「ゲーム業界を目指すうえで、学生のうちになにをしておけばよいでしょうか？」といった質問をされる機会があります。

「**あらゆることがあとで結果的に役に立つので、なんでも積極的に経験しておくことをおすすめし**

ます」が、質問に対する答えです。

ゲームはもちろん、映画やアニメなど数多くのエンタテインメント作品を吸収しておくことは大事でしょう。ほかの人があまり興味を持たないような趣味や知識があると、特に個性につなげやすいです。学生のうちであれば、バイトやサークル活動といった、社会人になっては経験できないことを優先するのもよいでしょう。

異国を旅すれば、簡単に異世界体験が得られる

本物に触れる機会としておすすめしたいのが「旅行」です。

遺跡や世界遺産のような歴史ある国際的な観光地は特におすすめです。

そうした観光地は、百年単位の長きにわたって普遍的に、老若男女、人種国籍を問わず、幅広い世代を魅了し続けている実績があります。人を惹きつけるハイクオリティなエンタテインメント作品として、圧倒的な魅力を備えていなければ、それは実現不可能なことです。

ゲームと同じエンタテインメント作品として捉えると、**多くの人を魅了する観光地は、どのように人の心を動かしているかという観点で、ゲームデザインに役立つ学びが多い**対象です。

また、言語の通じない国に行けば、その場にいるだけで「異世界体験」ができます。RPGなどでプレイヤーをはじめての世界へいざなううえで、異世界体験を通じて得られた非日常の感覚は参考になるでしょう。自分が身を置く環境すべてをがらりと変えてしまえるので、そこで得られるあ

らゆることを通じて、新たな価値観に気づけるはずです。

体験を通じた気づきに、正解も不正解もない

自分で実際に触れさえすれば、どんなことからでも価値観を増やしていくことができます。

そこで得た気づきに正解や不正解はありません。

たとえ、多くの人が感じた感想と真逆の感想を抱いたとしても、まったく気にする必要はありません。むしろ、**大多数の人とは違った視点や感覚でものごとを切り取れるということも、個性**です。

本物に触れ、そこで得た気づきを積み重ねていき、ゲームデザインに役立つ個性を伸ばしていきましょう。

POINT

1 ゲームデザイナー自身の個性を活かすことで、100点を目指す
2 マニュアルでできるのは、不正解にならない確率をあげることまで
3 個性は、本物を実体験することで得る価値観によって磨かれる
4 一次情報以外は、知識としてしか役に立たない
5 自分ならではの「物事の切り取り方」を、個性へつなげる
6 あらゆる経験が、個性として活かせる

CHAPTER 6

ゲームデザイナーとしての戦いに挑む

「マニュアル化したノウハウ」を武器に実戦に挑む

”全力で武器を振るえる環境は、みずからの手で作り出す“

ゲームデザイナーでなくても、実戦で武器は試せる

武器は実戦で使ってこそ意味を持つ

誰にでもすぐ使えるマニュアル化したゲームデザインのノウハウとして、ここまでさまざまなやり方を紹介してきました。

手に入れた武器の効果を最大化するための、ゲームデザイナーとしての基礎体力にも触れました。

ここまで来れば、**あとは実際に武器を使う実戦に繰り出すだけ**です。

使わないまま武器だけ揃えても、ゲームデザインができるようになったとはいえません。武器は、実戦で実際に使ってはじめて意味を持ちます。

誰もがすぐに始められる3つの戦い

ゲームデザイナーにとっての、実戦とはどういうことでしょうか？それは、ゲームデザイナーとして実際のゲーム開発に携わり、そのなかでゲームデザイン業務を行うことにほかなりません。

とはいうものの、誰もがそうした実戦の場に恵まれているわけではないでしょう。これからゲーム業界を志す人や、ゲームデザイナーへの転身を目指す人からすれば、そもそもゲームデザイナーとして実戦経験を得ること自体が、ものすごく高いハードルとなります。

あるいは、自身がゲームデザイナーだったとしても、与えられている裁量が限定的なこともあるでしょう。仕事の進め方など、自分の思い通りにはできないかもしれません。

どれだけよい武器を手に入れたとしても、使わないままにしておいては身につきません。手に入れた武器を自身のものとして習得するためには、**自身が置かれた環境に左右されることなく、武器の振い方を身につける**必要があります。

ゲームデザインの実戦に身を置いていなくとも、武器を使った戦いの場を自分自身で作り出す方法があります。そのやり方として、これから3つ紹介していきます。

- **武器を忘れないようにする、「記憶との戦い」**
- **武器を使う心構えを準備する、「失敗との戦い」**
- **武器を振るえる環境を整える、「常識との戦い」**

この3つの戦いを通じて、ゲームデザイナーの実務以外の状況で、武器を振るっていきます。

実戦に出る前は、準備運動が大事

ここであげた3つの戦いは、いわば実践訓練です。

すでにゲームデザインの実戦に出られる環境にあっても、その事前準備として重要な意味を持ちます。

なんの準備運動もなくいきなり身体を全力で動かし始めては、怪我をしてしまうこともあるでしょう。**ゲームデザインでも同様に、準備運動は効果的**です。

ゲームデザイナーとしての実戦経験の場の有無にかかわらず、武器を手にしたらまずやっておきたいのが、これから紹介する3つの実践訓練です。

記憶との戦い：マニュアル化したノウハウを確実にものにする

武器の存在は、あっという間に忘れてしまう

武器は、手にしただけでは自分のものにはなりません。

きちんと自分のものにするためになにより大事なのが、忘れないことです。

武器が自分のものにならない**最初のつまずきは、武器の存在そのものを忘れてしまうこと**にあります。

「エビングハウスの忘却曲線」というものがあります。ドイツの心理学者、ヘルマン・エビングハウスが導き出した理論で、時間の経過とともに人の記憶がどのように変化していくかを示したものです。日本では、1978年に出版された『記憶について ―― 実験心理学への貢献』でその理論が紹介されています。

その理論によると、人は次のように記憶を忘却していきます。

エビングハウスの忘却曲線

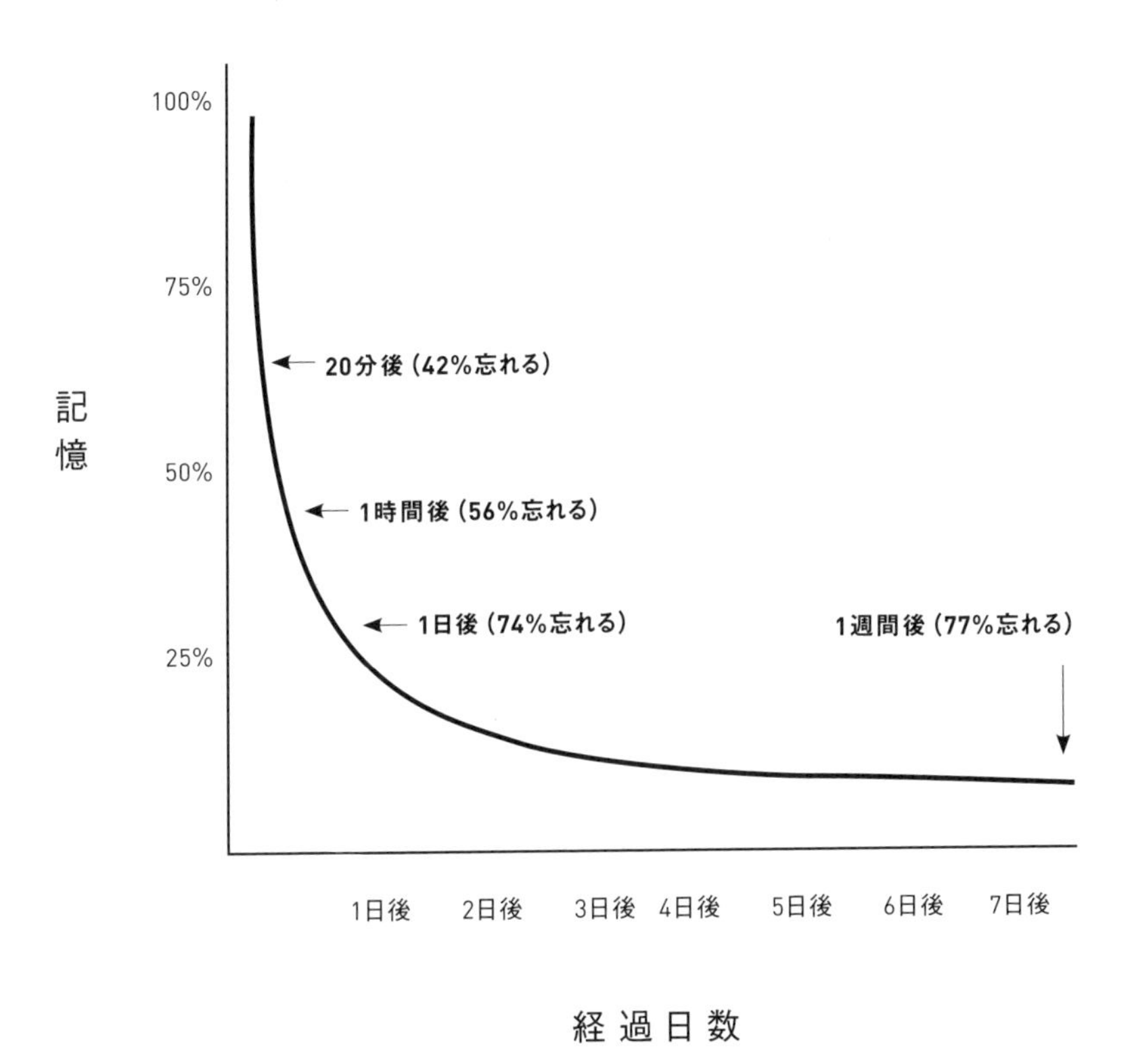

・20分後……覚えた内容の42％を忘れる
・1時間後……覚えた内容の56％を忘れる
・1日後……覚えた内容の74％を忘れる
・1週間後……覚えた内容の77％を忘れる

つまりは、1日経過しただけで半分以上忘れてしまうことになります。本書を読んで、「これはよい」「すぐにやってみたい」「仕事に取り入れよう」と思った事があったとしましょう。

ただそれも、残念なことに1ヶ月も経てば、ほぼすべて忘れてしまいます。人間の記憶力とはその程度のものです。ですので、武器を手に入れたらまず、それを記憶として定着させるところからはじめる必要があります。

武器を長期記憶として定着させる

記憶には、「短期記憶」と「長期記憶」の2種類があります。

短期記憶とは、メモのように一時的に覚えている情報を意味します。本を読むとき、前の文章の内容を覚えているおかげで、次に読む文章が理解できますが、それは短期記憶によるものです。

長期記憶とは、長期間覚えている情報を意味します。昔行ったことのある場所や子供の頃の思い出を今でも覚えていることがあると思いますが、それは長期記憶によるものです。

短期記憶は、最高でも7つまでしか覚えていられず、記憶できる時間も10秒から1分程度しか持たないそうです。一方で、長期記憶は制限なく無限に記憶できるそうです。

つまり記憶を定着させるということは、長期記憶化することを意味します。

ゲームデザインの武器は、日常生活のなかでも試せる

長期記憶化するため必要なのは、復習することです。

復習すればするほど、忘却スピードは遅くなり、やがて長期記憶化します。

復習は、本書を繰り返し読むことでももちろんできますが、より効果的なのは試しに使ってみることです。

ただの文字情報として目にするよりも、五感を伴った体験や印象に残ったエピソードを伴うことのほうが長期記憶化しやすいです。

試してみるのに、ゲームデザイナーとしての実戦の場がなくても問題ありません。というのも、**本書で手にできる武器の多くは、ゲームデザイン以外の事柄においてもそのまま適用できる**からです。

今現在ゲームデザインの業務に携わっていなくとも、日常生活のさまざまな場面において、試しに使ってみることが可能です。ここでは、次の3つを例に、やり方を紹介します。

・ゴールを決める
・ボトムライン
・言葉力

「ゴールを決める」を日常生活で試す

『ゲームにおもしろさをもたらす、ゲームデザイン術』で紹介した『**「ゴール設定」からすべては始まる**』（▼P090）は、日常のさまざまな場面で試せます。

小さなことでもなにか目標を立てる際には、「なんのために」を必ず明確にするのです。

例えば「ダイエット」という目標を立てたとしましょう。ただ漠然と「痩せたい」と思うだけの状態から、**「なんのために」を明確にした状態**へと変え、ゴールを決めます。「健康診断の結果を改善したい」「着られなくなったお気に入りの服を着られるようにしたい」「脂肪を落とし、筋肉をつけたい」など、ゴールとするものはなんでもよいです。

そして、設定したゴールにあわせて「期日」「目標数値」「実行方法」などの実行するうえでの具体的なアイデアも変えていきましょう。

「ボトムライン」を日常生活で試す

『ゲーム開発を成功に導く、リーダーシップ術』で紹介した『**意思決定ツール・その2「ボトムライン」**』（▼P222）は、**日常で発生する予期せぬ出来事への対処方法として試せます。**

例えば、どこか旅行へ行く際に、どこを回るかなど旅のプランを事前に計画することもあるでしょう。特に海外旅行など限定的な機会であるほど、入念な下調べのもと、詳細な行動計画を立てることになるかと思います。

しかし、旅先では「開いているはずの観光スポットが閉まっていた」「狙ったレストランに行ったら満席で入れなかった」「体調を崩して朝予定時間に起きられなかった」など、思った通りにいかないことが当たり前です。

そんなとき、100点満点の事前計画を考えるのではなく、最悪問題が起きても「ここだけは回りたい」「あの料理だけは食べたい」といったボトムラインからの加点方式で計画を立てておけば、トラブルに対して柔軟な対応ができるはずです。

「言葉力」を日常生活で試す

『ゲームデザイン力を高める、レベルアップ術』で紹介した『**思考と出力で考える「言葉力」**』（▼P292）は、日常のコミュニケーションのなかで試せます。

「正確さ」と「簡潔さ」を持った言葉は、仕事において発生する報告、連絡、相談の機会、いわゆる**「報・連・相」の場面で試す**ことがおすすめです。

「上司への業務報告」「チームメンバーへの共有連絡」「同僚との仕事の相談」といった「報・連・相」の場面では、話を伝える側と聴く側双方にとって、情報の正確な伝達が必要になります。また、情報を簡潔に伝えられれば、やりとりの時間短縮にもつながりお互いに恩恵が生まれることでしょう。

正確で簡潔な「報・連・相」を心がけておくことは、言葉力を磨くよい練習になります。

ここでは3つの例を紹介しましたが、このようにゲームデザインの武器は、ゲームデザイナーとしての実務以外の場面でも使えます。記憶に定着させるためにも、手にした武器は、できる範囲からとにかくまず使ってみましょう。

失敗との戦い：マニュアル化したノウハウで失敗を制する

失敗を怒れずに武器を振るえる状態を作る

たとえそれが練習の場だったとしても、武器を振るうことを阻害する大きな要因があります。それは、**失敗に対する恐れ**です。

今までやったことのない新しいことに挑戦しようとしたとき、やったところでいったいどうなるのかと結果に対する不安を持ってしまったり、やってもうまくいかなかったときのことを想像してしまったりしがちです。

実際、ゲームデザインの武器を使いこなせるようになるまでに、大小さまざまな失敗を経験することになるでしょう。そして、使いこなせるようになったあと、実戦で振るうなかでも失敗を繰り返すことになるはずです。

「失敗は成功のもと」ということわざがあります。たとえ失敗したとしても、その原因を追求し、やり方や欠点を改めることで、むしろその後の成功につながるといった意味です。

頭では理解できていたとしても、それでもやはり失敗への恐れは心理的なハードルになることでしょう。

実戦の場に挑むより前の段階でできることは、失敗への理解を深め、恐れを減らしておき、**いざ武器を振るう段階になった際に全力で振れる状態をあらかじめ作っておくこと**です。

失敗を構成する「負け」「失点」「ミス」の違いを理解する

失敗を恐れなくなるためには、そもそも**失敗とはなにかという本質を理解することが重要**です。失敗という言葉からは、とにかく避けなければならない、絶対に起こしてはならない、ネガティブな印象を抱くかもしれません。本質さえ理解すれば、失敗はそれほど最悪ものではないことがわかるはずです。

失敗をカテゴリ分けしていくと、次の3つに分類できます。

- **負け**
- **失点**
- **ミス**

スポーツの試合に例えると、「負け」は、試合に敗れることです。「失点」は、相手に点を奪われたり、自分が持っている点を失ったりすることです。「ミス」とは、相手にチャンスを与えてしまったり、自身が不利になる状況を引き起こしてしまったりすることです。

失敗のなかで、本当に避けなければならないのは「負け」のみです。たとえどれだけ「ミス」をしても、どれだけ「失点」をしても、結果的に試合に勝ちさえすればよいのです。

ゲームの例でいえば、運営型タイトルの場合だと、「ミス」は「不具合の発生」で、「失点」は

「ユーザーに不利益が生じること」で、「負け」は「売上の低下やユーザーの離脱といった、サービスへの実害」といったものが該当するでしょう。

失敗と正しく向き合ううえで、100点以外認めない完璧主義のような考え方は不要です。スポーツにおいて、すべての勝利が完封試合やパーフェクトゲームにならないことと同じで、失点やミスは避けられないものと最初から考えておくと気が楽です。

試合に勝つためには得点が必要で、点を得るためには、リスクを犯す必要があります。失点やミスは、犯したリスクに比例して生じやすくなるものです。

言い方を変えれば、それらは勝つためにリスクをとって積極的に挑んだ証ですから、貴重な経験ともいえます。

失点とミスの発生は、どのみち完全には避けられません。どうせ避けられないのなら、前向きに活かすための心構えをあらかじめ作っておくことが大事です。

「負け」にならない失敗を、積極的に経験する

本番以外の場で得られる失敗の経験は、むしろあればあるほど望ましいです。

ゲーム開発において実際の本番では、使ったこともない武器を振るうリスクを取らせてもらえないかもしれません。

失敗する機会すら、与えてもらえないのです。

マニュアル化したノウハウという武器をいかにして自分のものにしていくかは、「負け」にならない失敗を積めるチャンスを、どれだけ手に入れ、それに挑めたかにかかっています。

なにが「負けにならない失敗の機会」かを事前に判断することは難しいかもしれませんが、そこは大丈夫です。

実際の開発現場において、**「負け」につながるような場面で打席に立たせてもらえる機会なんて、そう簡単には訪れません。**ほとんどの場面では、負けることは気にせず、安心して、とにかくまずやってみてください。

ある意味すべてが失敗の許される戦いだと思って、なにに対しても積極的に挑んでいきましょう。

常識との戦い：マニュアル化したノウハウを共通言語化する

武器は周囲にまで浸透させる

ゲームデザイナーにとっての武器をより早く使いこなせるようにするためには、その武器を**気兼ねなく使える環境に身を置くことも大切**です。

武器を振ってはいけないような空気や環境のなかでは、習得以前に使ってみることすらままならないでしょう。

「あの人、なんであんなやり方でやっているの?」などとチームメンバーに言われてしまっては、萎縮してしまったり、トラブルの火種になったりしかねません。

ゲームデザイナーはチームメンバーに対し、振るう武器、つまりゲームデザイナーとしての仕事の仕方や考え方への、理解を促す努力も必要です。

本書で学んだ武器を使うための事前準備として、例えば「ゲームデザインの進め方としては、ゴール、アイデア、発注、実装、調整の順番で、今後進めたいです」といったコミュニケーションをチームメンバーに対して行っていきます。

周囲の理解を得ることは、トラブル回避以外の面でも役に立ちます。

周りが同じような考え方に基づいて仕事ができていれば、やり方に関する共通言語が増え、コミュニケーションコストが削減されます。ゲーム開発という集団制作のなかでは、携わるメンバーに武器の内容が浸透すればするほど、発揮される効果も大きくなっていくのです。

チームメンバーへの浸透は、実戦に挑む前の段階でゲームデザイナーがやっておくべき、重要な要素のひとつです。

人に説明することで、自身の理解を深める

武器を使いやすい環境をゲームデザイナー自身が作っていくことを通じて、得られる効果はほかにもあります。

それは、自分自身の武器に対する理解を助けることです。

人になにかを伝えるということは、自分がその内容をきちんと理解していないとできません。自分のなかでわかっていたつもりでも、いざ改めて人に説明しようとすると、うまく言葉にできないことがあります。そうなったときにはじめて、実は頭のなかできちんとやり方が整理できていなかったり、しっかり本質的なところまで理解できていなかったりすることに気づくでしょう。

武器は、その使い方を人に伝えることまでできてはじめて、きちんと習得したといえます。 周囲の理解を得るために説明や浸透を行っていくことは、ゲームデザイナーとして一石二鳥の効果が得られます。

やりたいやり方は、可視化して伝える

武器を使ったゲームデザインのやり方は、どのようにチームメンバーへ浸透させていけばよいのでしょうか？

大事なことは誰もがわかる形で、可視化することです。

例えば、仕事の進め方に関することであればフローチャートを作成し、なにをどのように進めていきたいかの流れを、目で見てわかるようにします。

ゴールを伝えるためには、まずゴールとは開発のなかでどのような位置づけなのかから説明したうえで、実際に作るもののゴールを伝えるようにします。

内容よりも前にまず、やり方の共通認識を持ってもらうことから、コミュニケーションをとっていきます。

ゲームデザインにおいて、ゲームに関するアイデアや企画内容そのものを伝えることも大事ですが、その前段としてなにを意図してなにをやろうとしているのかをきちんと伝えていくことも大切です。そうしたコミュニケーションのなかで、自分のやり方や進め方についても浸透させていけば、徐々に周りに慣れてもらうことへとつながります。

新たに手に入れた武器を思いっきり振るうためにも、事前にチームメンバーとのコミュニケーションのなかで、武器に基づいた考えややり方を積極的に共有していきましょう。

POINT

1. 武器は、実際に使ってこそ意味がある
2. ゲームデザイナーでなくとも、武器を使う実戦訓練は行える
3. 手に入れた武器を忘れないために、武器を長期記憶化する
4. 武器は、ゲームデザイン以外の場面でも使える
5. 失敗は恐れないために、失敗の本質を理解する
6. 失敗は、「負け」「失点」「ミス」の3つに分かれる
7. 「負け」以外の失敗は、積極的に経験する
8. 武器を振るっても許される環境を、事前に作り出しておく

「才能のいらないやり方」の先にあるもの

"「誰にでもゲームをおもしろくできる」の実現こそが、ゲーム業界の未来を切り開く"

「マニュアル」はゲームデザイナーにとってのゲームエンジン

ゲームエンジンなしに、現代のゲーム開発は成立しない

本書を通じて紹介してきたゲームデザイナーにとっての武器となる**「マニュアル化したゲームデザインのノウハウ」は、ゲーム開発における「ゲームエンジン」のようなもの**です。

ゲームエンジンとは、『Unreal Engine』や『Unity』に代表される開発ツールで、簡単にいうと多くのゲームで必ず必要になるであろう基本的な機能の集合体です。

ゲームエンジンには「3Dのキャラクターを画面上に表示する」「3Dのマップ上をキャラクターが歩きまわる」「コントローラー入力でキャラクターを動かす」といった機能が何百何千とあらかじめライブラリとして用意されており、ゲーム開発者は用意された基本機能を土台として、作っているゲームそれぞれの特性にあわせ機能追加やカスタマイズを行っていきます。

2000年代に入り、家庭用ゲーム機の性能向上に伴って、ゲーム開発にかかるコスト、つまり予算が爆発的に跳ね上がりました。それまで開発費数億円で済んでいたことが、数十億円かかるの

が当たり前になるような大きな変化です。

そうしたなかで、毎回ゲームを作るたびに、同じような機能（例えば「キャラクターを歩かせる」といった機能）を莫大な費用をかけて作り直していては非効率的です。そんな状況から、やがて**「使い回せるところは、積極的に使い回すこと」が当たり前**となり、その結果ゲームエンジンを用いたゲーム開発が急速に発展してきました。

どのゲームでも必ず使うような機能があらかじめ共通化したライブラリとして提供されることで、ゲームエンジンで賄える部分で浮いたコストや時間を、ほかの場所に割り当てることが可能になります。

ゲームエンジンで達成できるのも、80点まで

よいことしかないように聞こえますが、ゲームエンジンにも弱点はあります。

それは、ゲームエンジンだけで作れるゲームは最高でも80点のものにしかならないということです。

ゲームエンジンに用意されている機能は、ある程度幅広いゲームで活かせるような最大公約数的なものが中心です。そこに、作風を生み出すような個性は存在しません。

ゲームエンジンを使って80点まで到達したその先の、**ゲームごとにカスタマイズした機能や追加した要素によってはじめて、各ゲームの個性が生まれていく**のです。

80点までを誰にでも獲得可能とするゲームエンジンの位置づけは、本書の考え方と共通していま
す。

ゲームエンジンのように、業界全体でノウハウを共有化する

そしてもうひとつ、本書でのマニュアルという考え方と、ゲームエンジンとの共通点があります。

それは、業界全体での「共通規格」という考え方です。

ゲームエンジンは、ゲーム業界全体で使ったノウハウを共有し、よりよいものに育てていく、といった性質を持っています。

誰か一人が、あるいは、どこか一社が知見や恩恵を独占することなく、使って得た気づきを共有しあったり、使っていくうえでの疑問を相互に解決し合ったりしながら、ゲームエンジンの進化を支えてきました。

また、ゲームエンジンそのものの発展以外にも、ゲームエンジンで培った知見を書籍にしたりＷｅｂで公開したりすることで、業界全体で共有できるノウハウとして積み上がっていきます。

時間をかけ、使う人数が多くなれば多くなるほど、雪だるま式にノウハウが積み上がり、それが結果的に、**ゲーム業界全体のレベルの底上げ**につながっていっているのです。

ゲームデザイン初となる、共通規格を実現する

本書は、ゲーム業界初となるゲームデザイナーにとっての「共通規格」に相応しい内容で構成しています。

ゲームエンジン以外にも、『C言語』『Java』といったプログラミング言語や、『Maya』『Adobe Photoshop』などのグラフィックツールなど、業界全体でノウハウを共有する環境やツールがいくつか存在します。

そんな中、ゲームデザインにだけ、そうしたものが存在しないのです。

ゲームデザイナーの仕事は形式知化しづらい要素も多く、見よう見まねだったり、一子相伝的な伝わり方だったりと、属人的なやり方でこれ

ゲームエンジンで80点、カスタマイズで20点

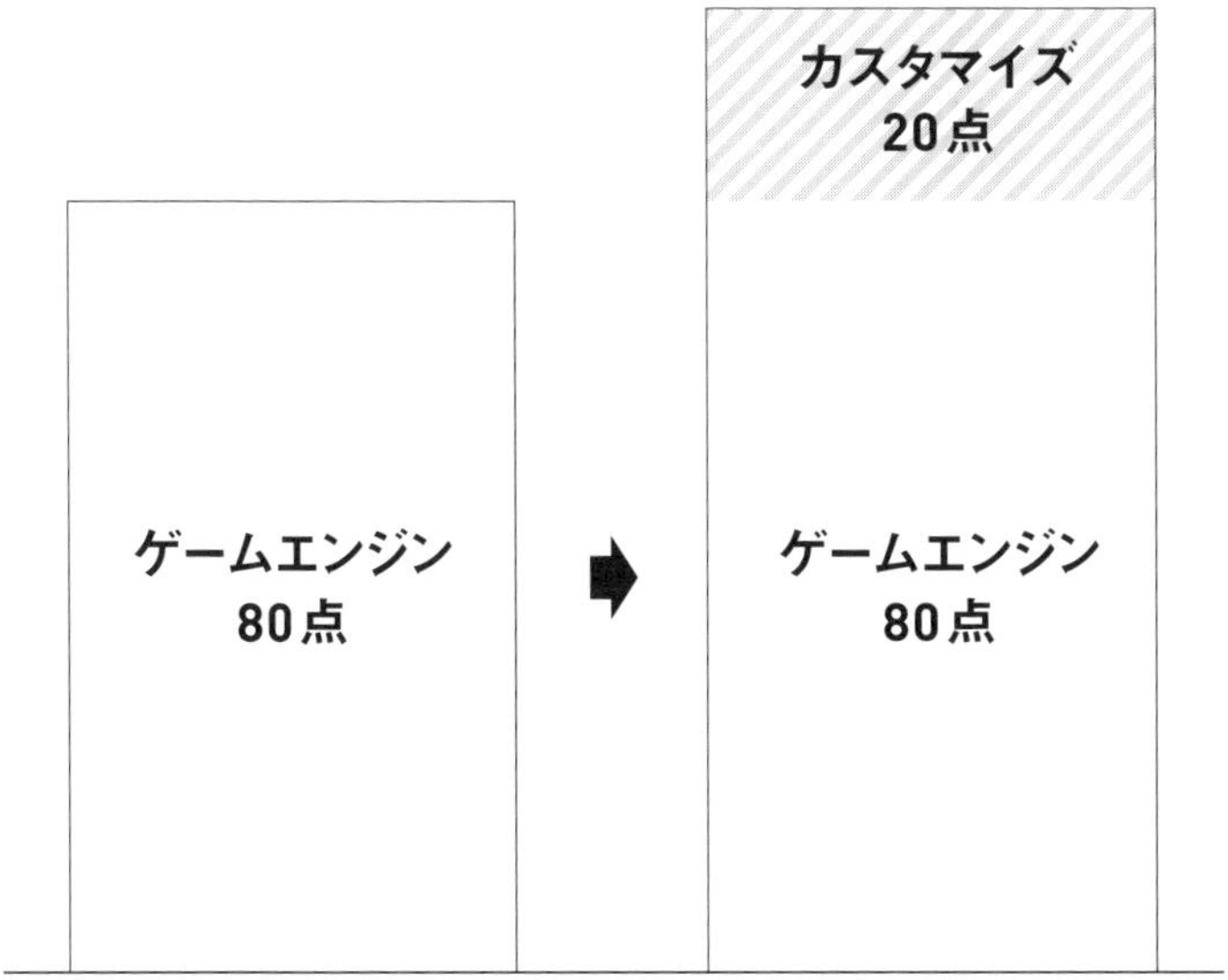

ゲームエンジン
80点

➡

カスタマイズ
20点

ゲームエンジン
80点

まで受け継がれてきました。

その結果、80点をとることすら難しく、たまたまうまくいっただけだったり、一部の限られた才能を持つ人だけが、80点以上をとれたりするような状況が出来上がってしまいました。

ゲームエンジンがゲーム開発を大きく発展させたように、もしゲームデザイナーにとってのゲームエンジンが登場すれば、ゲームデザイナーの生み出す成果も大きく発展していくはずです。

本書は、どんなゲームでも必ず必要になるゲームデザインのノウハウを、マニュアルとしてライブラリのような形で提供することで、誰もが80点までとれることを意図して構成しています。

本書の内容がゲーム業界全体の共通規格となっていくことで、ゲームデザイナーなら誰でも80点までとれる環境が、ようやく実現することでしょう。

全員で100点を目指す

マニュアルは100点を目指すためにある

ゲームデザイナーであるなら、80点を獲っただけで満足することなく、100点を目指すべきです。

ゲーム開発の中心的役割を担うゲームデザイナーが、高みを目指す姿勢を見せることは、チームメンバー全体に好影響を与えます。

本書はそんなゲームデザイナーを助ける存在です。

「80点をとるため」ではなく、**「100点を目指すために、80点まで誰にでもとれるようにするため」**に本書は存在します。

ゲーム開発が新たに始まるたびに毎回0点からスタートして100点までを目指していくやり方が、現在のゲームデザイナーの置かれている環境で、それが当たり前のことになっているのが現実です。そして、80点にたどり着く前に、多くのゲームが力尽きています。

やり方さえわかってしまえば、80点をとること自体は難しいことではありません。80点をとるまでに個性を発揮するようなやり方は必要ありません。

その部分で個性を発揮したところで、それがプレイヤーに作品の良さとして伝わることはありません。

個性は、100点を目指す過程で思う存分発揮すればよいわけですから、そこに十分な時間や力をかけるためにも、いかにして楽に80点までたどり着くかが鍵を握ります。

おもしろいゲームがゲーム業界を盛り上げる

ゲームデザイナーがマニュアル化したノウハウに沿って容易に80点までたどり着ける環境が実現すれば、計り知れない恩恵がゲームデザイナーにもたらされます。

100点に近いゲームがより多く生まれれば、より多くのプレイヤーがゲームに惹きつけられ、ゲームを楽しみ、ゲームは産業として活性化し、より豊かになります。そうすれば、今よりももっと多く、ゲームを生み出す機会も増えてくるでしょう。業界全体が活性化し、魅力的に映れば映るほど、ゲーム業界を仕事として志す人の数も増えてくるでしょう。より多く、よりよい人材が集まれば、さらに多くの魅力的なゲームを生み出すことが可能になり、その結果さらにゲーム業界が盛り上がっていくという好循環を生み出せます。

ゲームの根幹である、おもしろさを担う立場の**ゲームデザイナーが、ゲーム業界全体から見ても重要な役割を担っている**といっても過言ではありません。

「誰にでもゲームをおもしろくできる」を実現する

一部の選ばれた才能のあるゲームデザイナーだけが、ゲームをおもしろくできる状況が続くようでは、業界としての発展は見込めません。

大げさな言い方かもしれませんが、**「誰にでもゲームをおもしろくできる」を実現することこそが、**

日本のゲーム業界の未来を作る礎になることでしょう。

そのためにも、本書のマニュアル化したノウハウがゲーム業界全体の共通規格となり、ゲームデザイナーが皆で自由に使い、皆で育て、ノウハウとして発展させていく状況が実現することを願っています。

POINT

1. マニュアル化したノウハウが、ゲームデザイナーにとってのゲームエンジンとなる
2. マニュアルをゲーム業界全体で共有すれば、ゲームデザイン初の共通規格となる
3. ゲームデザイナーが100点を目指す姿勢を持てば、チームメンバー全体に好影響を与える
4. 80点を作るまでの部分で個性を発揮しても、プレイヤーには伝わらない
5. マニュアル化したノウハウによって、80点を楽して確実に手に入れる
6. マニュアル化したノウハウで、「誰にでもゲームをおもしろくできる」を実現する

塩 川 洋 介

Yosuke Shiokawa

ゲームデザイナー、クリエイティブディレクター
ディライトワークス株式会社クリエイティブオフィサー
大阪成蹊大学芸術学部客員教授

2000年にスクウェア(現スクウェア・エニックス)に入社。2009年からSQUARE ENIX, INC.(北米)に出向。帰国後、スクウェア・エニックス・ホールディングス、Tokyo RPG Factoryを経て、2016年より現職。

携わったゲームに『Fate/Grand Order』『Fate/Grand Order Waltz in the MOONLIGHT/LOSTROOM』『KINGDOM HEARTS』『KINGDOM HEARTS II』『DISSIDIA FINAL FANTASY』『いけにえと雪のセツナ』などがある。

監訳書に『「レベルアップ」のゲームデザイン――実戦で使えるゲーム作りのテクニック』『ゲームデザインバイブル 第2版――おもしろさを飛躍的に向上させる113の「レンズ」』などがある。

Twitter: @y_shiokawa

ゲームデザインプロフェッショナル

誰(だれ)もが成果(せいか)を生(う)み出(だ)せる、『FGO(エフジーオー)』クリエイターの仕事術(しごとじゅつ)

2020年10月 3日 初版 第1刷発行

著者 ――― 塩川洋介(しおかわようすけ)
発行者 ――― 片岡 巌
発行所 ――― 株式会社技術評論社
東京都新宿区市谷左内町21-13
TEL:03-3513-6150(販売促進部)
TEL:03-3513-6177(雑誌編集部)
印刷/製本 ――― 昭和情報プロセス株式会社
ブックデザイン ――― 新井 大輔　中島 里夏(装幀新井)
編集 ――― 村下 昇平

本書サポートページ

https://gihyo.jp/book/2020/978-4-297-11645-3
本書記載の情報の修正、訂正、補足については当該Webページで行います。

お問い合わせについて

本書に関するご質問は記載内容についてのみとさせていただきます。本書の内容に関係のないご質問には一切お答えできませんので、あらかじめご了承ください。また、お電話でのご質問は受け付けておりません。書面、FAXまたは小社Webサイトのお問い合わせフォームをご利用ください。

〒162-0846　東京都新宿区市谷左内町21-13
株式会社技術評論社 雑誌編集部 『ゲームデザインプロフェッショナル』係
FAX:03-3513-6173　URL:https://gihyo.jp/

*ご質問の際には、書名と該当ページ、返信先を明記くださいますよう、お願いいたします。
また、お送りいただいたご質問にはできる限り迅速にお答えできるよう努力しておりますが、場合によってはお時間を頂戴することがあります。回答の期日をご指定いただいても、ご希望にお応えできるとはかぎりませんので、あらかじめご了承ください。ご質問の際に記載いただいた個人情報を回答以外の目的に使用することはありません。使用後はすみやかに個人情報を破棄します。